总主编　林家阳

景观设计

（第二版）

曹福存　刘慧超　编著

中国轻工业出版社

图书在版编目（CIP）数据

景观设计 / 曹福存，刘慧超编著. —2版. —北京：
中国轻工业出版社，2024.2
ISBN 978-7-5184-2746-8

Ⅰ.①景… Ⅱ.①曹… ②刘… Ⅲ.①景观设计—高等学校—
教材 Ⅳ.①TU986.2

中国版本图书馆CIP数据核字（2019）第253761号

责任编辑：毛旭林　徐　琪　　责任终审：张乃柬　　整体设计：锋尚设计
策划编辑：毛旭林　　　　　　责任校对：晋　洁　　责任监印：张　可

出版发行：中国轻工业出版社（北京鲁谷东街5号，邮编：100040）
印　　刷：艺堂印刷（天津）有限公司
经　　销：各地新华书店
版　　次：2024年2月第2版第5次印刷
开　　本：870×1140　1/16　印张：8.25
字　　数：150千字
书　　号：ISBN 978-7-5184-2746-8　定价：58.00元
邮购电话：010-85119873
发行电话：010-85119832　010-85119912
网　　址：http://www.chlip.com.cn
Email：club@chlip.com.cn

240298J1C205ZBW

再版前言

FOREWORD

党的“二十大”报告中明确指出，新时代新征程中国共产党的使命任务就是团结带领全国各族人民全面建成社会主义现代化强国、实现第二个百年奋斗目标，以中国式现代化全面推进中华民族伟大复兴。对我国未来城乡生态环境建设提出了更高的要求，未来五年城乡人居环境明显改善，美丽中国建设成效显著；全面推进乡村振兴；提升生态系统多样性、稳定性、持续性；推进以国家公园为主体的自然保护地体系建设等。

因此《景观设计》再版教材在原版基础上对原教材内容进行了删减、增加与更新。在第一章“相关概念的解析”部分增加了“风景园林”内容，在“景观设计形式与空间类型”部分增加了“国家矿山公园、乡村景观与特色小镇”等内容，同时增加了“景观设计的设计原则及评价标准”的内容；在第二章删减了“道路景观设计”部分，增加了“城市中心场景设计、庄园（旅游度假酒店）景观设计和乡村景观设计”等实训内容，使第二章的实训内容由三个项目更新增加到五个实训项目，并更新了相关案例分析等。第三章增加了三位当代中国景观设计师的作品，再版教材修改后的内容对于建设“美丽中国”“宜居宜业和美乡村”的目标愿景具有一定的现实意义。

《景观设计》教材再版修改过程中更加注重了实训内容，强化学生的实践能力。结合生态设计和“文化造园”等设计原则，对原教材实训项目的案例分析中只保留了一个案例，其他九个案例都是新增加的。在实训作业部分更加强调了新技术、新材料的运用，因此再版后的教材更加强化了设计实践应用性内容。

本书的编著者有多年的理论教学经验和实际项目设计与施工的实践经验，再版教材中大部分案例分析都是编著者本人负责设计的实际项目。在本书编写过程中尽量做到有针对性地进行文字内容编写和图片的选择相对应，图片资料中有90% 以上的基本资料都是作者亲自拍摄的，本书内容翔实，可操作性强。

本教材力求系统性、艺术性和实用性结合，便于学生对专业知识的消化吸收。由于本人知识的局限性，可能在很多地方存在着一些不足和缺陷，恳请读者和同行给予批评指正。

编　者

课时安排

（参考课时：128）

章节	课程内容	课时	
第一章 景观设计的概念与认知	一、景观设计的概念	2	16
	二、景观设计的基本理论	6	
	三、景观设计形式与空间类型	4	
	四、景观设计构成要素	2	
	五、景观设计的设计原则及评价标准	2	
第二章 景观设计程序与实训	一、景观设计的程序	8	104
	二、实训项目一：城市中心场景设计 设计案例分析： 案例一：成都宽窄巷子设计 案例二：大连市旅顺口区郭水路道路景观设计	16	
	三、实训项目二：居住区景观设计 设计案例分析： 案例一：苏州中航樾园内庭院设计 案例二：朝阳市“西城华府”居住区景观设计	16	
	四、实训项目三：公园景观设计 设计案例分析： 案例一：杭州市江洋畈生态公园景观设计 案例二：葫芦岛市茨山河滨水公园景观设计	24	
	五、实训项目四：庄园（旅游度假酒店）景观设计 设计案例分析： 案例一：广东省南昆山自然保护区十字水生态度假村景观设计 案例二：桓仁县“枫都庄园”景观设计	16	
	六、实训项目五：乡村景观设计 设计案例分析： 案例一：深深·深宅景观设计 案例二：绥中县新堡子乡新台子村景观设计	24	
第三章 景观设计作品欣赏与分析	一、国内外景观设计大师作品欣赏	4	8
	二、世界各国景观设计特点分析	2	
	三、学生优秀作品欣赏	2	

目录
CONTENTS

第一章

景观设计的概念与认知

从事景观设计工作的设计师或工程实践者，要对景观设计的概念有明确的认知。目前，我国对园林、园艺、绿化、景观设计的范畴有不同的见解，我们有必要得出明确的认识，并研究景观设计的基本理论，以便进一步了解不同空间类型的景观设计应该把握的设计要素和设计要点。以下从五个方面来学习景观设计的概念及认知的基本内容。

本章课程内容包括：

一、景观设计的概念

二、景观设计的基本理论

三、景观设计形式与空间类型

四、景观设计构成要素

五、景观设计的设计原则及评价标准

一、景观设计的概念

（一）几个相关概念的解析

在解释景观设计的概念之前，有必要把几个容易混淆的概念解释清楚，便于更好更清晰地了解景观设计的概念、设计元素及其内涵。

1. 园艺（Horticulture）

园艺就是果树、蔬菜和观赏植物的栽培、繁育技术和生产经营方法。相应地分为果树园艺、蔬菜园艺和观赏园艺。在温室培养、果树繁殖和栽培技术、名贵花卉品种的培育以及在园艺事业上，我国历代在与各国进行广泛交流等方面卓有成效。景观设计的植物元素（如园林树木和花卉）就是通过园艺的手段在苗圃地和温室中培育出来的（图1-1）。

图 1-1　温室花卉的繁育

2. 园林（Garden）

园林是在一定的地域运用工程技术和艺术手段， 通过改造地形（筑山、叠石、理水）、种植花草树木、营造建筑和布置园路等途径创作而成的美的自然环境和游憩境域。园林包括庭园、宅园、小游园、花园、公园、植物园、动物园等， 还包括森林公园、风景名胜区、自然保护区或国家公园的游览区以及休养胜地。

图 1-2　辽宁本溪关门山国家森林公园景色

园林按开发不同分为两大类： 一类是利用原有自然风景形成的自然园林（图1-2）；另一类是在一定地域范围内为改善生活、美化环境、满足游憩和文化需要而创造的人工园林（图1-3）。

图 1-3　苏州拙政园景色

3. 风景园林（Landscape Architecture）：

风景园林是研究人类居住的户外空间环境、协调人和自然之间关系的一门复合型学科，研究内容涉及户外自然和人工境域，是考虑气候、地形、水系、植物、场地容积、视觉、交通、构筑物和居所等因素在内的景观区域的规划、设计、建设、保护和管理（图1-4），并与其他非生物学科（例如土木、建筑、城市规划）、哲学、历史和文学艺术等学科相结合的综合学科，可授予工学、农学或艺术学学位，所属学科是工学。

图 1-4　苏州狮子林

4. 绿化（Greening Planting）

“绿化”一词源于苏联，是“城市居住区绿化”的简称。“绿化”就是栽种植物以改善环境的活动。主要指的是栽植防护林、路旁树木、农作物以及居民区和公园内的各种植物等。绿化包括国土绿化、城市绿化、四旁绿化和道路绿化等。绿化可改善环境卫生并在维持生态平衡方面起多种作用，绿化注重植物栽植和实现生态效益的物质功能，同时也含有一定的“美化”意思（图1-5）。

图 1-5　城市道路绿化景观

5. 园林设计

园林设计就是在一定的地域范围内， 运用园林艺术和工程技术手段，通

图 1-6 2011 年西安世博会“四盒园”

过改造地形（或进一步筑山、叠石、理水）、种植树木、花草，营造建筑和布置园路等途径创作而成的美的自然环境和生活游憩境域的构思、创意、设计的过程（图 1-6）。园林设计是一门研究如何应用艺术和技术手段处理自然、建筑和人类活动之间的复杂关系，以达到和谐完美、生态良好、景色如画之境界的一门学科。

6. 环境设计

工业化的发展引起一系列环境问题，人类的环境保护意识加强以后，才逐渐产生环境设计概念。一般理解，环境设计是对人类的生存空间进行的设计，协调“人—建筑—环境”的相互关系，使其和谐统一。环境设计按空间形式分为城市规划、建筑设计、室内设计、室外设计和公共艺术设计（图 1-7）等。

图 1-7 雕塑小品

（二）景观的概念

关于“景”“观”两字，许慎（东汉）在《说文解字》中称：景“光也”，指日光，亮；观“谛视也”，意为仔细看。“景”是现实中存在的客观事物，而“观”是人对“景”的各种感受与理解，“景”与“观”实际上是人与自然的和谐统一（图 1-8、图 1-9）。

图 1-8 黄山云海

最初在古英语中，“景观”一词是指“留下了人类文明足迹的地区”。到了 17 世纪，“景观”作为绘画术语从荷兰语中再次引入英语，意为“描绘内陆自然风光的绘画，区别于肖像、海景等”。直至 18 世纪，因为景观和设计行业有了密切的关系，便将“景观”同“园艺”联系起来。19 世纪的地质学家和地理学家则用景观一词代表“一大片土地”。随着环境问题的日益突出，对景观的理解也发生了变化。于是，“景观”成为描述特定的环境设计的世界通用词汇。

图 1-9 上海世纪大道景观

对景观一般有以下的理解：

（1）某一区域的综合特征，包括自然、经济、人文诸方面。

（2）一般自然综合体。

（3）区域单位，相当于综合自然区划等级系统中最小一级的自然区。

（4）任何区域分类单位。

图 1-10 上海世博园“亩中山水”景观

从人类开发利用和建设的角度，景观可分为自然景观、园林景观、建筑景观、经济景观、文化景观。从时间角度，可分为现代景观（图 1-10）、历史景观（图 1-11）。景观是一个时代社会经济、文化以及人的思想观念和意识形态的综合反映，是社会形态的物化形式。景观既是一种自然景象，也是一种生态景象和文化景象。

综上所述，现在对景观一般定义为：景观（Landscape）是指土地及土地上的空间和物体所构成的综合体。它是复杂的自然过程和人类活动在大地上留下的烙印。

景观是多种功能（过程）的载体，因而可被理解和表现为：

风景：视觉审美过程的对象。

栖居地：人生活其中的空间和环境（图 1-12）。

生态系统：一个具有结构和功能、具有内在和外在联系的有机系统。

符号：一个记载人类过去、表达希望与理想，赖以认同和寄托的语言和精神空间（图 1-13）。

图 1-11　北京天坛

图 1-12　安徽黟县西递村庄景色

（三）景观设计的概念

要想了解景观设计的概念和内涵，首先应该先了解什么是景观学（Landscape Science）。《中国大百科全书（简明版）》关于景观学的解释为：景观学是研究景观的形成、演变和特征的学科。景观学通过对景观的各个组成成分及其相互关系的研究去解释景观的特征，并研究景观内部的土地结构，探讨如何合理开发利用、治理和保护景观。

图 1-13　甘肃天水麦积山石窟景观

景观设计学（Landscape Architecture）是关于景观的分析、规划布局、设计、改造、管理、保护和恢复的科学和艺术。即通过对土地及一切人类户外空间的问题进行科学理性的分析，设计问题的解决方案和解决途径，并进行监理设计的实现。景观设计学强调土地的设计，它所关注的问题是土地和人类户外空间的问题。根据解决问题的性质、内容和尺度的不同，景观设计学包括两方面的内容：景观规划（Landscape Planning）和景观设计（Landscape Design）。景观规划是在大规模、大尺度范围内，基于对自然和人文过程的认识，协调人与自然关系的过程，如场地规划、土地规划、控制性规划、城市设计和环境规划（图 1-14）。景观表示风景时，景观规划意味着创造一个美好的环境；景观表示自然加上人类之和的时候，景观规划则意味着在一系列经设定的物理和环境参数之内规划出适合人类栖居之地。（吴家骅著，叶南译.《景观形态学》. 中国建筑工业出版社，2003.4）

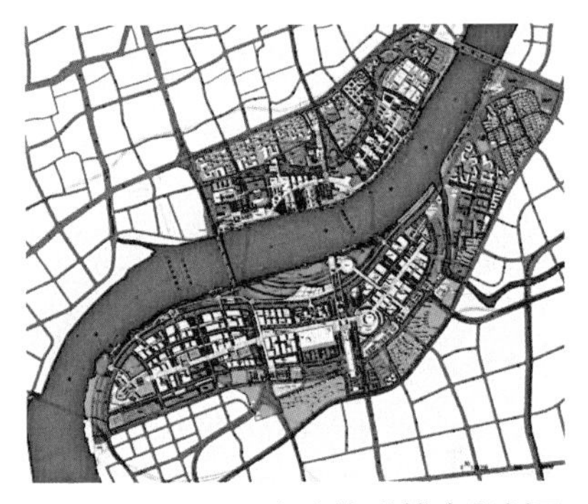

图 1-14　2010 年上海世博会规划区控制性详细规划

景观设计相对于景观规划来说，是指在土地进行景观规划后的某一特定场所、尺度范围较小的空间环境设计（图 1-15）。因此，景观设计是以规划设计为手段，集土地的分析、管理、保护等众多任务于一身的科学。景观设计涉及自然科学和社会科学两大学科。景观设计主要设计要素包括地形地貌、水体、植被、景观建筑和构筑物，以及公共艺术品等。景观设计主要服务于城市居民的户外空间环境设计，包括城市广场、商业

图 1-15　上海延中绿地广场公园平面示意图

图 1-16　英国牛津商业步行街

图 1-17　四川成都活水公园景观

图 1-18　英国巨石阵

步行街、办公场所、室外运动场地、居住区环境、城市街头绿地及城市滨湖滨河地带、旅游度假区与风景区中的景点设计等（图 1-16、图 1-17）。

（四）景观设计的发展简史

景观设计是伴随着人类的活动而产生、发展的。

人类认识自然、适应自然、与自然共生的过程就是景观生成、发展的过程。因此，景观设计有着时代发展的烙印。

人类创造景观环境的历史十分悠久，最早可以上溯到公元前 4000 年的巨石阵和公元前 2000 年的岩画，有记载的比较成熟的园林景观可以追溯到古埃及人在庭院植树以改善气候的庭园景观以及我国商周时代的“园囿”，前者是改善人类居住环境的典范，后者则是在农耕收获基础上带有更多的休闲景观功能。人类随着生产、生活方式的变化，相应的生活景观环境也发生着变化。从农业时代、工业时代到今天的信息时代，人们的生活空间不断地发生变化，人们对生活空间的需求也不断发生着变化。

世界园林发展的四个阶段：人类社会的原始时期（狩猎社会）、奴隶社会和封建社会（农业社会）、18 世纪中叶（工业革命）、20 世纪 60 年代［第二次世界大战（1939—1945）之后的后工业时代或信息时代］。

第一阶段：人类社会的原始时期（狩猎社会）

这一时期主要是聚落的出现，人们开始在聚落附近进行种植，园林进入了萌芽时期。这一时期人们满怀恐惧、敬畏的心情，对自然是感性的适应。对自然认识水平不高，以宗教信仰园林空间（处于萌芽状态）为主（图 1-18）。

这时期园林的主要特点是：

（1）种植、养殖、观赏不分；

（2）为全体部落成员共同管理、共同享受；

（3）主观为了祭祀崇拜和解决温饱问题，而客观有观赏功能，所以不可能产生园林规划。

第二阶段：奴隶社会和封建社会（农业社会）

由于手工业和商业的出现，城镇开始产生，使园林从萌芽时期逐步成长。这时期园林的特点是：

（1）直接为少数统治阶层服务，或者归他们所私有；

（2）封闭的、内向型的；

（3）以追求视觉景观之美和精神的寄托为主要目的，并非自觉地体现所谓社会、环境效益；

（4）造园工作由工匠、文人和艺术家来完成。

第三阶段：18 世纪中叶（工业革命）

工业革命的产生，改变了人们的生产方式，开始大规模的集体生产，集体劳动使人们对公共活动空间有了渴望。人们为了适应这种产业结构所带来的居住空间环境的变化不断采取新的策略。英国学者霍华德（1850—1928）提出了“田园城市”设想（图 1-19）。

1857年奥姆斯特德（1822—1903）在美国纽约建立的中央公园是最早的城市公园，标志着现代公园的产生，也标志着新时期景观设计的开始。Landscape的概念正式提出，标志着景观设计进入职业化阶段。工业社会的园林景观出现了公园、都市绿地系统 、田园都市等。其主要特点是：

（1）除私有园林以外，出现由政府出资，向群众开放的公共园林；

（2）园林景观的规划设计已摆脱私有的局限性，从封闭的内向型转为开放的外向型；

（3）不仅为了追求视觉景观之美，同时注重环境效益和社会效益；

（4）由现代型的职业景观设计师主持景观的规划设计工作。

第四阶段：1939—1945之后的后工业时代或信息时代

工业革命使世界开始出现人口爆炸、粮食短缺、能源枯竭、环境污染、贫富不均、生态失调等。这一时期的景观设计主要目标是人类与自然处于共生关系的自然共生型社会发展，生物多样性将成为评价园林景观的标准。其主要特点表现在以下几点：

（1）确定了城市生态系统的概念，出现“园林城市”；

（2）园林景观以创造合理的城市生态系统为根本目的，同时进行园林审美的构思；

（3）园林景观艺术已成为环境艺术的一个重要组成部分，跨学科的综合性和公众的参与性成了园林艺术创作的主要特点。

1. 西方景观设计发展简史

目前我们谈论的西方景观设计，按时间发展的顺序，主要包括三部分内容：第一部分是公元4世纪之前西方的古代园林，主要指古埃及、古巴比伦、古希腊、古罗马的古代园林；第二部分是指中世纪欧洲园林，主要包括中世纪伊斯兰园林、意大利文艺复兴园林、欧洲勒·诺特时期的法国古典主义园林、英国自然风景式园林；第三部分是指近现代西方的景观设计，主要指近现代英国、美国、德国、荷兰的景观设计思潮和方法。

（1）古埃及园林大致有宅园、圣苑、墓园三种。设计形式应用了几何的概念，主要是规则式的，并有明显的中轴线。一般是方形的，四周有围墙，入口处建塔门；水池和水渠的形状方整规则，房屋和树木都按几何形状加以安排，是世界上最早的规整式园林设计（图1-20）。

（2）古巴比伦园林形式有“猎苑、圣苑、宫苑”三种类型。古巴比伦王国位于底格里斯和幼发拉底两河之间的美索不达米亚平原，是两河流域的文化产物。两河地带为平原，因而古巴比伦人热衷于堆叠土山，山上有神殿与祭坛等。传说公元前7世纪巴比伦空中花园，被列为世界七大奇迹之一（图1-21）。

（3）古希腊园林是几何式的，通过波斯学到西亚的造园艺术，数学、几何、美学的发展影响到园林的形式，中央有水池、雕塑，栽植花卉，四周环以柱廊，为以后的柱廊式园林的发展打下了基础。园林位于住宅的庭院或

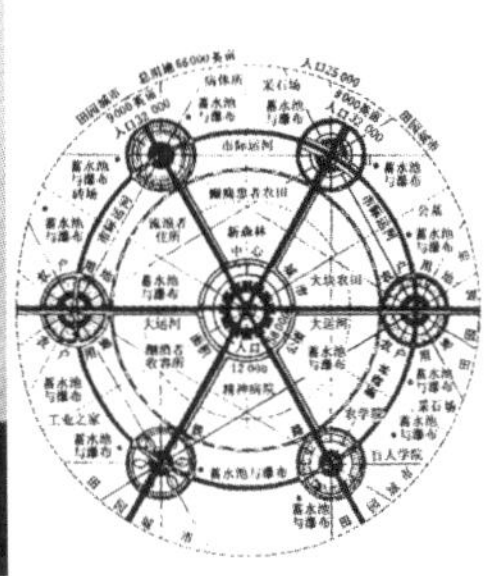

图1-19　霍华德及其“田园城市”设想

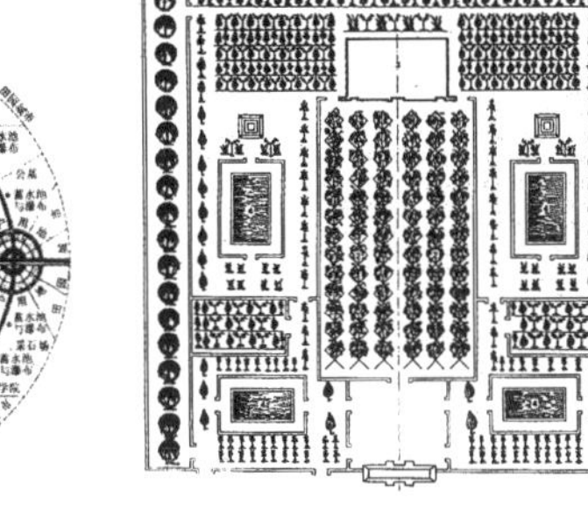

图1-20　古埃及的花园平面图

图1-21　古巴比伦的空中花园

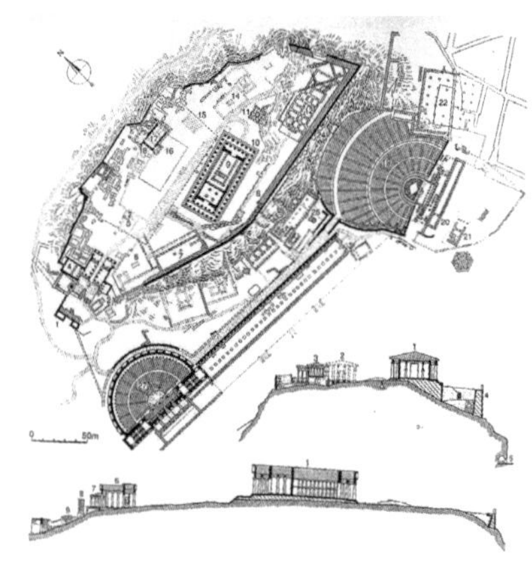
图 1-22　古希腊雅典卫城平面示意图

图 1-23　古罗马哈德良山庄示意图

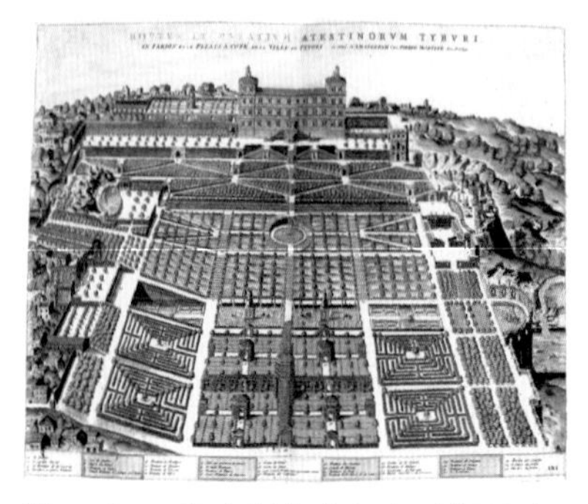
图 1-24　意大利文艺复兴时期的埃斯特别墅

图 1-25　法国凡尔赛宫局部

天井之中。其布局形式采用规则式以与建筑协调，形成强调均衡稳定的规则式园林。从古希腊开始奠定了西方规则式园林的基础（图1-22）。

（4）古罗马园林类型有古罗马庄园、宅园（柱廊园）、宫苑、公共园林四种类型。古罗马在继承希腊庭园艺术和上述园林布局特点的同时，也吸收了古埃及和西亚等国的造园手法。着重发展了别墅园（Villa Garden）和宅园这两类，发展成为山庄园林。古罗马园林以实用为主的果园、菜园以及芳香植物园逐渐加强了观赏性、装饰性以及娱乐性；受希腊园林的影响，园林为规则式；重视园林植物的造型，有专门园丁；除花台、花坛之外，出现了蔷薇专类园，迷园；花卉装饰盛行"几何形花坛中种植花卉，以便采摘花朵制成花环与花冠"。园林依山而建，并将山地辟成不同高程的台地，用栏杆、挡土墙和台阶来维护和联系各台地。古罗马园林对后世的欧洲园林影响极大，奠定了文艺复兴时期意大利台地园的基础（图1-23）。

（5）意大利文艺复兴园林：公元14、15世纪发源于意大利的欧洲文艺复兴的文化运动影响了意大利的文学、科学、音乐、艺术、建筑、园林等各个方面。出现新的造园手法——绣毯式的植坛，在一块大面积的平地上利用灌木花草的栽植镶嵌组合成各种纹样图案，好像铺在地上的地毯。园林的布局形式沿山坡筑成几层台地，建筑造在台上且与园林轴线严格对称；布局呈现图案化对称的几何构图、均衡和秩序（图1-24）。这种台地园林形式是几何形的，有些还是中轴对称的，在轴线及其两侧布置美丽的绿篱花坛、变化多端的喷泉和瀑布、常绿树以及各种石造的阶梯、露台、水池、雕塑、建筑及栏杆，尺度宜人，郁郁葱葱，非常亲切。

（6）欧洲勒·诺特时期的法国古典主义园林：17世纪，意大利文艺复兴式园林传入法国，但法国人并没有完全接受意大利台地园的形式，而是把中轴线对称均齐的整齐式的园林布局手法运用于平地造园。法国的造园家勒·诺特（LeNotre）创造了大轴线、大运河造园手法，具有雄伟壮丽、富丽堂皇气氛的造园样式，以法国的宫廷花园为代表的园林后人称其为"勒·诺特式"园林。代表作是凡尔赛宫园林（图1-25）。勒·诺特时期园林的主要特点：园林是几何式的，有着非常严谨的几何秩序，均衡和谐；宫殿高高在上，建筑的轴线一直延伸至园外的森林之中。轴线两侧或轴线上布置有大花坛、林荫道、水池、喷泉、雕像、修剪成各种几何形体的造型植物；园林的外围是森林，浓浓的绿荫成为整个园林的背景，在森林与园林之间，布置一些由绿篱围合的不同风格的小花园；整个园林宁静而开阔，统一中富有变化，显得富丽堂皇、雄伟壮观。

（7）英国自然风景式园林及近现代英国景观设计：英国的风景式园林兴起于18世纪初期，与勒·诺特式的园林完全相反，它否定了纹样植坛、笔直的林荫道、方正的水池、整齐的树木。扬弃了一切几何形状和对称均齐的布局，代之以弯曲的道路、自然式的树丛和草地、蜿蜒的河流，讲究借景和与园外的自然环境相融合（图1-26、图1-27）。

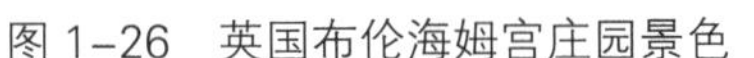
图 1-26　英国布伦海姆宫庄园景色

图 1-27　英国海德公园景色

英国自然风景式的花园完全改变了规则式花园的布局，这一改变在西方园林发展史中占有重要地位，它代表着这一时期园林发展的新趋势。至 18 世纪中叶以后，法国孟德斯鸠、伏尔泰、卢梭等在英国基础上发起启蒙运动，这种追求自由、崇尚自然的思想，很快反映在法国的造园中。

19 世纪末到 20 世纪初，发源于英国的“工艺美术运动”、比利时和法国的“新艺术运动”引发了西方现代主义思潮，预示着现代主义园林时代的到来。简洁的现代主义景观设计作品出现在 1925 年的巴黎国际现代工艺美术展上。至此西方现代景观设计拉开了序幕。

图 1-28　美国弗雷德里克・劳・奥姆斯特德

（8）美国现代景观设计：弗雷德里克 · 劳 · 奥姆斯特德（Frederick Law Olmsted 1822—1903）是美国景观规划设计事业的创始人（图 1-28）。他的理论和实践活动推动了美国自然风景园运动的发展（图 1-29）。1899年美国景观规划设计师学会成立，小奥姆斯特德（1870—1957）在哈佛大学设立美国第一个景观规划设计专业。20世纪初，欧洲现代运动蓬勃发展。而当时“巴黎美术学院派”的正统课程和奥姆斯特德的自然主义思想仍然占据了美国景观规划行业的主体。

“巴黎美术学院派”的正统课程用于规则式的设计，奥姆斯特德的自然主义思想应用于公园和其他公共复杂地段的设计。但两者模式很少截然分开，而是在公园的自然之中加入了规则式的要素，古典的对称设计被自然的植物边缘所软化。这时美国景观设计师斯蒂里（Fletcher Steele 1885—1971）将欧洲现代景观设计的思想介绍到了美国，一定程度上推动了美国景观的现代主义进程。

从以上历史发展来看，欧洲和美洲的园林同属于从古埃及园林发展而来的大系统。

从古埃及的规则式园林，到古希腊的柱廊式园林，到古罗马的别墅庄园，到意大利的文艺复兴园林，然后是法国“勒 · 诺特式”园林，再到英国

图 1–29 美国纽约中央公园

图 1–30 皇家园林——避暑山庄

图 1–31 苏州私家园林——留园

图 1–32 寺观园林—北京法源寺

图 1–33 大连劳动公园

图 1–34 苏州金鸡湖景区

自然风景园林，经历了漫长的发展与变革，到了 20 世纪 20 年代，形成了现代主义的园林景观设计。

2. 东方景观设计发展简史

东方景观设计发展史主要指中国、日本等国的景观设计发展史。

（1）中国古典园林是指世界园林发展的第二阶段（农业社会）上的中国园林体系。中国古典园林的发展大体经历了生成期（殷、周、秦、两汉，公元前16世纪—220年）、转折期（魏、晋、南北朝，公元220—589年）、全盛期（隋、唐、五代，公元589—960年）、成熟前期（两宋、元、明、清初，公元960—1736年）、成熟后期（清中叶、清末，公元1736—1911年）五个发展阶段。

中国古典园林按照园林基址的选择和开发方式的不同，可以划分为人工山水园林和自然山水园林两大类型。如果按照园林的隶属关系来划分，可分为皇家园林、私家园林、寺观园林三种主体类型（图 1–30 至图 1–32）。

除此以外，还有衙署园林、祠堂园林、书院园林、公共园林、坛庙、陵园等。中国园林的特点可以概括为四个方面：一是本于自然、高于自然；二是建筑美与自然美的融糅；三是诗画的情趣；四是意境的含蓄。如上所述，中国古典园林的四个主要特点及其衍生的四大美学范畴——园林的自然美、建筑美、诗画美、意境美，是中国古典园林在世界上独树一帜的主要标志。

中国的近现代园林应该包括三个阶段内容：

第一阶段清朝末年到新中国成立之前，西方造园思想影响，传统造园手法的基础上，加入了西方造园要素，代表作是圆明园；第一个具备现代“公园”意义公园，是 1905 年在无锡城中心原有几个私家小花园的基础上建立的第一个公园，占地 3.3 公顷，称“华夏第一公园”。

第二阶段是新中国成立后到改革开放之前。这一阶段是中国计划经济阶段，园林的建设主要目标是劳动公园、人民公园、儿童公园等城市公共空间的园林设计（图 1–33）。

第三阶段指改革开放后的现代景观设计。改革开放使西方的景观设计思潮不断地与中国景观设计相结合，尤其是中国目前正处于城市化迅速发展阶段，使当下的中国景观设计呈现文化多元化、多学科交叉、可持续设计的状况（图 1–34）。

（2）日本园林与中国园林同为东方园林的两朵奇葩。日本园林与中国园林有着很深的渊源关系，在古代就受我国汉朝影响。日本园林史可划分为古代、中世纪、近代三个阶段。公元6世纪中叶（飞鸟时期），中国文化经由朝鲜半岛开始传入日本。园林艺术和汉代佛教也先后传入日本，对日本产生了很大的影响，宫廷、贵族开始出现中国式的园林——池泉式园林，即池泉庭园，形成了日本以庭院景观为主的庭园园林（图1-35）。由于受佛教思想影响，造园手法表现为枯山水形式，形成独特的禅宗园林景观。日本现代景观设计也受西方景观设计思潮影响，公共空间景观设计也体现出简约主义的时代特征。

二、景观设计的基本理论

景观设计就是对人类生活居住的环境空间的设计，因此既要了解空间构成的基本理论，又要了解人在不同空间环境中的行为活动。不同地域影响景观设计的自然要素，不同民族、不同历史文化决定景观设计的人文要素。景观设计的艺术性因为民族、文化和地域不同而存在差异。景观设计有明显的时代烙印，现代景观设计重点强调生态性和文化性。景观设计的基本理论主要讲授空间认知理论、环境心理学理论、景观形态美学、景观色彩美学、景观生态学等理论知识和制图基础，这些相关基础理论知识是进行景观设计实践的基石。

（一）景观设计空间认知理论

景观设计的实质就是外部空间设计，是人性化的空间设计。设计后的空间必须满足人的需求，即满足人的生理需求和心理需求。因此景观设计的合理化标准应该是通过人对空间的认知的生理和心理满意程度来进行评价（图1-36）。

人有视觉、听觉、嗅觉、味觉、触觉等感觉，但相对于景观来说，人们审美感受有80%来源于视觉，因此景观的视觉形象对人的感知就显得非常重要。

“景观知觉”是指人经由五种感官，接受到环境景观所给予的刺激，并对其加以解释和判断的过程。景观知觉会因为观赏者不同而产生差异。个人景观知觉总是根据其各自的特性，如社会背景、动机、目标、期望、人格、经验、文化和价值观等方面的差异，经过一连串的心理反应，如认知、情感、知觉、偏好及评价等，形成不同的个人景观体验。事实上，人通过多种感觉体验环境，不同的感觉之间相互影响，同时也影响着个人对总体环境的评价与判断。

图1-35　日本银阁寺

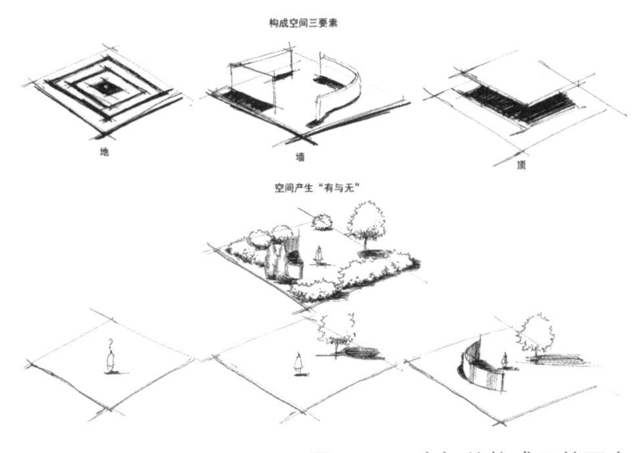

图1-36　空间的构成及其要素

图 1-37 上海辰山植物园矿坑花园

图 1-38 锦州世博会陶瓷博物馆

图1-39 2015年武汉园博会“沉淀园”

环境体验主要以视觉为主，也始终涉及其他感觉。不同感觉之间可以相互影响，如相互加强或相互减弱。因此，在环境设计中要充分调动视觉以外的其他感觉因素，如听觉、触觉、嗅觉和身体动觉，以增加和丰富环境体验。

景观设计中的造型、尺度、材质、色彩、光线等，都是景观设计中的基本元素，这些元素直接或间接地与人的心理感受相互关联在一起（图1-37至图1-39）。

空间认知由一系列心理过程组成，人们通过一系列的心理活动，获得空间环境中相关位置和现象属性的信息，如方向、距离、位置等，然后对其进行编码、储存、回忆和解码。空间认知依赖于环境知觉，环境信息的捕捉靠感官来实现。

通过对道路、标志物、边界等要素的观察，获取某一区域的信息；通过视觉，把握不同地点之间的距离，捕捉不同区域的主要标志物（图1-40、图1-41）。

空间认知地图是一个动态过程。人识别和理解环境有赖于在记忆中重现空间环境的形象。经感知过的事物在记忆中重现的形象称为“意象”或“表象”，具体空间环境的意象被称为“认知地图”。它包含事件的简单顺序，也包括方向、距离，甚至时间关系的信息。一般而言，我们对环境越熟悉，认知地图就越详尽。认知地图在脑中记忆的表征形式有两种：一种类似于外界环境的心理图像或意象；另一种是命题式的。认知地图可以帮助人们理解自己和环境的关系，确定目标的空间定位方位、距离，寻找到达目标的路径，并建立起个人对环境的安全感和控制感。认知地图还是人们接受新环境信息的基础。一个城市有着大多数人公认的重要元素，它们构成城市的公共意象，亦即公共认知地图。清晰的城市公共认知地图，有助于市民的公共活动和社会交往。

（二）环境心理学理论

环境心理学是研究环境与人行为之间相互关系的学科，着重从心理学和行为学的角度，探索人与环境的最优化，涉及心理学、医学、社会学、人体工程学、人类学、生态学、规划学、建筑学以及环境艺术等多门学科。

这里所说的环境虽然也包括社会环境，但主要是指物理环境，包括噪声、拥挤、空气质量、温度、建筑设计、个人空间、景观环境等。

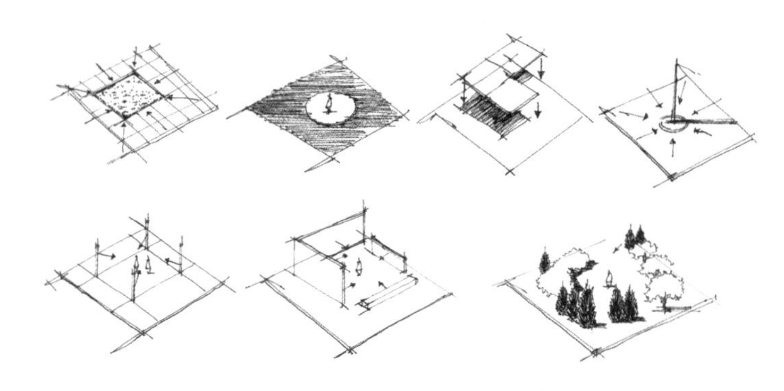
图 1-40 设计空间构成的丰富性

图 1-41 2010 年台北花博会“花之隧道”

图 1-42　人的心理与行为、个人空间

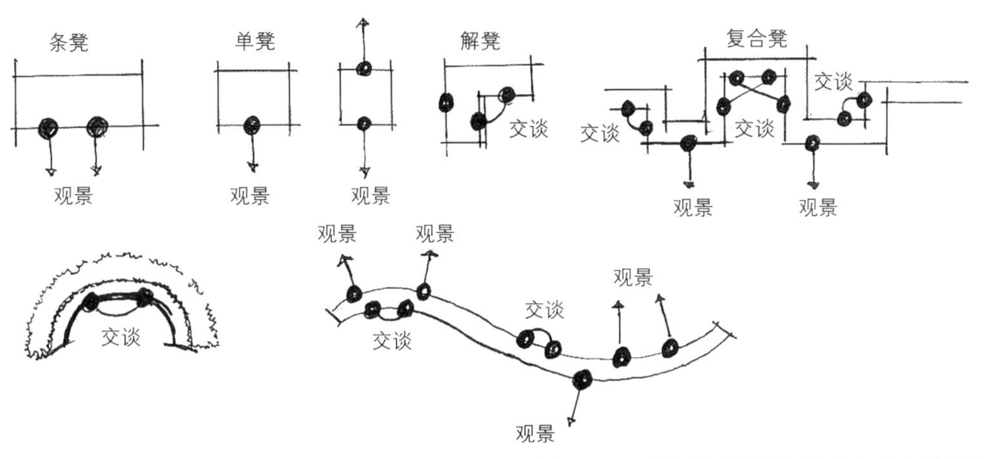

图 1-43　不同座椅形式对行为与使用的影响

环境心理学关注的是人的行为活动，人的行为活动主要分为三种：必要性活动、选择性活动和社交性活动。同时也关注人的行为习性，人的行为习性主要有动作性行为习性［抄近路、靠右（左）侧通行、逆时针转向、依靠性］和体验性行为习性（看人也为人所看、围观、安静与凝思）两种。

在景观设计过程中，空间布局等要充分考虑人的行为习性与空间领域之间的关系（图 1-42、图 1-43）。

“环境—行为”关系作为一个整体加以研究；强调“环境—行为”关系是一种交互作用；几乎所有的研究课题都以实际问题为取向；具有多学科性质；以现场研究为主，采用来自多学科的、富有创新精神的折中研究方法。

（三）景观形态美学

景观形态的具体内容由点、线、面、形、色彩和肌理构成（图 1-44）。景观形态的内容形成了空间形式的主要视觉因素。从视觉和感受来分析，就会涉及一个形态的表情问题，而形态的表情有庄严的、松散的、神秘的、隐喻的、动感的等。以传统的美学原则来思考，就要关注形与形、空间与空间的相互关系。

1. 点、线、面

“点”是空间最重要的位置。以大区域来说，点是一种空间位置；从小尺度空间来讲，点就

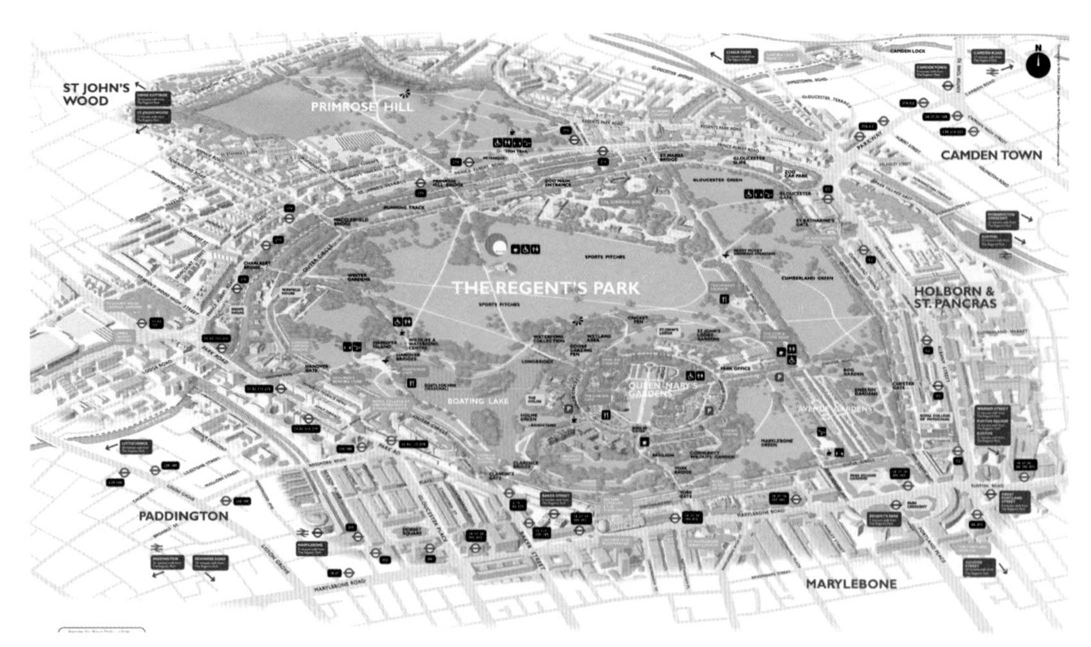

图 1-44　英国摄政公园平面图

是一个小景点或是一个小构筑物、一件公共艺术品。点有两种：视觉中心点和透视消失点。视觉中心点分为注目点和标志点。点是景观设计中重要的空间布局方法之一，也是造型艺术设计中重要的特征之一（图 1-45）。

“线”在视觉上表达方向性。线是连接“点”空间的重要方式，也是造型艺术中最基本的要素，两点（空间）之间连接生成线，同时它是面的边缘，也是景观中面与面的交界。线在任何视觉图形中，都有它的重要位置，它可以用来表示连接、支撑、包围、交叉。垂直线可以用来限定某一个空间范围。在设计中，一条线可以作为一个设想中的要素。例如，设计中轴线、动线，即由空间中的两个点所产生的规则线条。在这条线上，各种要素可以做多种形式的排列。在城市空间里，线就是城市的道路，起到交通和划分空间的作用；在某一特定场所中线就是园路，是引导人们进行观赏的路线和布置景点的界面。

“面”从概念上讲一个面只有长度和宽度，面没有深度。面最大特征是可以辨认形状。它的产生是由面的轮廓线确定的。面对空间的限定可以由地面、竖向平面、顶面来实现。对景观设计而言，空间界定主要由地面和竖向平面完成，偶尔用到顶面。

地面是景观设计中一个重要的设计要素，它的形式、色彩、质感决定其他要素。地面材料的质感和密实度也将影响到人通过其表面的方式。垂直面（墙体、绿篱、成排的树等）决定空间的联系程度，它的形式在很大程度上影响景观的总体形式。在景观设计中应用得当的曲面，能丰富整体效果，改变由单一平面造成的单调、呆板的气氛（图 1-46、图 1-47）。

2. 图形

景观中的形可分为人工形与自然形，人工形又可分为几何形与模拟自然形。

几何形体源于三个基本的图形：矩形、三角形、圆形。

图 1-45　苏州工业园区道路景观

图 1-46　美国芝加哥千禧公园的“云门”景观

图 1-47　韩国三星美术馆室外公共艺术

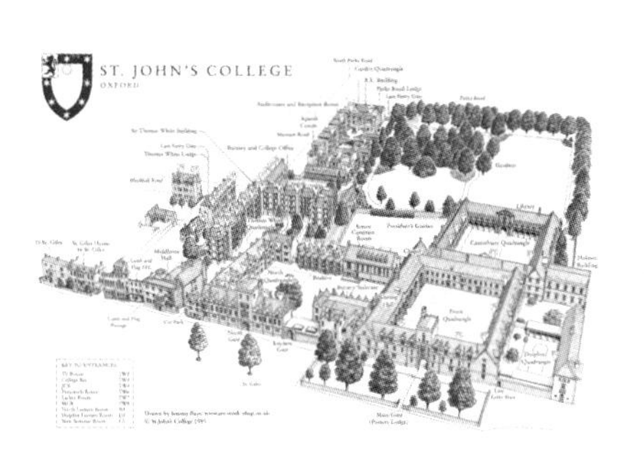

图 1-48　牛津大学圣约翰学院

图 1-49　锦州园博会新西兰“瓦卡湿地”入口景观

图 1-50　锦州园博会朝阳园入口景观

“矩形”是最简单也最有用的设计图形，雅致而庄重。由线的纵横交错而生成矩形，在景观设计中这是最基本的。它与建筑原料的形状类似，由于两种形易于衍生出相关图形，在建筑环境的景观设计中，矩形是最常见的组织形式。在历史上，几乎所有的古代文明中都出现过。

直线纵横交错组织起来城镇、房屋和景观花园的平面。水平和垂直地组织空间是很基本的，也是最容易的。在景观设计史上，矩形是最好的围合空间的形式（图 1-48）。

“三角形”有运动的趋势，能使空间富有动感，随着水平方向的变化和三角形垂直元素的加入，这种动感会更强烈。与矩形相比较，三角形的兼容性很差，有着更明显的方向性、动感性，有力而且尖锐。但它能创造一些出人意料的造型效果，给人以惊喜。若能与直线良好配合，往往能为灵活空间的营造打下基础（图 1-49、图 1-50）。

“圆”有简洁、统一、整体的魅力，就情调而言，圆给人以圆满、柔和的感觉，也具有运动和静止的双重特性，圆形在美学上是极具向心性的图形。单个圆形空间具有间接性和力量感，多个圆的组合效果是很丰富的。基本的方式是不同尺度的圆相叠加或相交。圆形还可以分割成半圆、1/4 圆等，并沿着水平轴和垂直轴移动而构成新的图形。

“螺旋形”是由一个中心逐渐向远端旋转而成的。将螺旋形反转可以得到其他形式的图形，以螺旋线上的一点为轴进行会产生一种强有力的效果。把部分螺旋形和椭圆结合在一起，可以创造出有层次的景观空间。

（四）景观色彩美学

人们欣赏和体验景观环境时主要是通过视觉来获取，视觉主要影响因素是色彩在起作用。因此景观色彩设计和景观场所中的色彩构成对景观视觉形象起到至关重要的作用（图 1-51）。

它们的色彩不仅因地域而不同，而且随时间推移不断变化，呈现出流动的、难以捉摸的色彩画卷。景观环境的追求之一就是“师法自然”，那自然的色彩及其组合必然成为景观环境“师法”的对象。与其他设计要素一样，我们只有通过精炼、提取、抽象，实现色

图 1-51　苏州工业园区道路景观

图 1-52　辽宁本溪枫叶景色

图 1-53　大连城市文化构成示意图

图 1-54　英国邮筒、电话亭与中国邮筒

图 1-55　英国曼彻斯特、伦敦唐人街景观

彩的自然属性与社会属性的统一，才能升华至色彩组合的艺术美。较之于其他艺术形式，景观环境更接近于自然，它的组成要素大多取自于自然，因此在色彩组合上所受的限制更大，不可能像绘画、雕塑那样自由地运用色彩，但同时，我们也应看到，正由于景观环境要素大多来源于自然，因此这些自然要素无须我们调色，就已具有了自然美，这时，色彩之间的组合就显得更重要了。

景观环境色彩由自然色和人工色组成，它们有如下特点：自然色彩种类多而且易变化，特别是其中植物的色彩，一年中，植物的干、叶、花的颜色都在变化，而且每种植物有其不同的色彩及变化规律（图 1-52）；而人工色彩相对稳定，一般有固定的颜色。景观环境的基调色多是生物色彩，如植物的色彩，它在景观环境中所占的比例最大，非生物色彩与人工色彩点缀其间。自然色彩虽然易变，但也是有规律可循的，同时，我们可以通过调节人工色彩，达到与自然色彩的协调。色彩属于视觉艺术，景观环境色彩的组合应以满足视觉需求为原则。视觉需求是一个不断变化、发展的因子；同时，它也有相对稳定的一面。视觉需求相对稳定的一面是指人们的色彩观念常受到理性文化传统的影响，即这种观念与当地文化、风俗习惯、宗教信仰密切相关，不易变更（图 1-53 至图 1-55）。

景观环境色彩组合方法大致有两种：一是类似色的组合，色轮上 90° 以内的色彩相互组合，这些色彩在明度、纯度上有所变化。如景观环境中树木和草坪，不同种树木的不同纯度、明度的绿色组合就属于类似色的组合。这种色彩组合较素静、柔和，但易造成单调感。二是对比色的组合，色轮上相距 120° 的色彩组合形成对比色的组合。景观环境中自然色彩与人工色彩可形成对比色的组合。这种色彩组合给人的感觉鲜明、强烈，往往可达到较好的景观效果。

景观环境中植物的不同绿色度可形成类似色的配合；植物的色彩与非生物的山石、水体等的色彩也可形成类似色的组合。同时，植物本身叶色变化、花与叶的色彩又可形成对比色的组合。这些类似色与对比色都是自然物本身所固有的，在一定程度上限制了我们对色彩的运用，因此使我们不能随心所欲地操纵它们，只能有目的地加以利用。建筑、小品、铺装、人工照明等这些人为物的色彩我们可以直观地进行设色，使它们的色彩与其他要素的色彩形成对比色的组合或类似色的组合（图1-56）。

图 1-56　上海世博会中国馆

因此，在色彩组合时，常可利用人工物的色彩在景观中形成画龙点睛之笔，如秦皇岛汤河公园的“红飘带”就是一例（图1-57），耀眼的红色与周围的环境形成强烈对比，给人以视觉刺激。此外，在景观环境景观色彩组合时，还应考虑到色彩与地域环境的关系。通常，在炎热地区，宜多采用白色、浅淡色、偏蓝或偏绿的冷色，这样给人一种凉爽、舒适的感觉；相反，在寒冷地区，宜多用暖色，如偏红、偏黄等色彩，或者在中性色系中设局部暖色，增加温暖感，这是通感引起的视觉要求，我国古典景观环境北方色彩华丽而南方较素淡恰好证明了这一点（图1-58、图1-59）。

图 1-57　秦皇岛汤河公园“红飘带”

景观环境中的功能区划分大多是依使用对象或用途的不同来划分的，由于不同的使用对象有不同的视觉需求，不同的用途也需要不同的色彩来配合，因此，各功能区应运用不同的色彩组合。如按照使用对象不同，景观环境中大多分为儿童活动区、青少年活动区和老年人活动区。这些不同的年龄组有不同的审美偏爱。

图 1-58　哈尔滨极乐寺山门色彩

儿童一般好奇心强、色感较单纯，喜爱一些单纯、鲜艳而对比强烈的色彩组合，因此儿童活动区宜使用明度高、纯度也高的红、黄、绿、蓝等色彩组合，此外，由于儿童好动，应注意形成暖色调（图1-60）。青少年大多性情强烈，有着活跃的朝气，对色彩偏爱明快与活泼的组合，因此，青少年活动区可考虑明度高、中等纯度的暖色的运用，色彩组合应注意对比色与类似色的组合兼而有之，并能形成视线焦点。老年人喜静，好回忆往事，性情沉稳，视觉需求中以视觉经验为主，与流行色常保持一定的距离，所以，在景观的色彩组合上尤应注意类似色的运用，以求得和谐的冷色调，但景观中也应考虑暖色的点缀，以免色彩组合过于平淡。

图 1-59　苏州寒山寺山门色彩

景观环境中的体育活动区的色彩组合应与它的用途相协调。适应其特点，宜选用活泼、单纯的中性色，这样不仅不会影响运动员的注意力，又不失运动场活跃的氛围。虽然不同功能分区有不同的色彩组合要求，但总体来说，整个景观环境的色调应有统一感，即在整体与各功能分区的关系上，各功能分区与各景点的关系上，做到“大调和、小对比”（图1-61）。

色彩是现代景观环境设计中需要关注的要素之一，在景观视觉效果中起着越来越重要的作用，影响人们的心理，也改变着人们的生活。因此，在景观设计过程中要考虑色彩对人的影响，无论是大尺度的城市规划设计，还是小尺度的场所设计，都要注重色彩设计。

图 1-60　成都云朵乐园中的游乐设施

图 1-61　哈尔滨太阳岛风景区休闲空间

图 1-62　苏州网师园

图 1-63　乌镇水乡景色

图 1-64　上海植物造型大赛山西省参赛作品

图 1-65　上海植物造型大赛辽宁省参赛作品

（五）景观设计的艺术与技术

1. 景观设计的艺术性

景观主要由三方面的要素所构成：形象要素、环境要素和行为心理要素。形象要素是根据景观形式美学法则，从艺术角度去再现和创造景观，体现的是空间环境设计，主要以三维空间作为设计表达的主要内容。

景观设计的艺术性贯穿于整个景观设计的过程中，从景观主题确定、景观构图、景观布局、景观表现技法、造景方法（先抑后扬，小中见大，障景、借景、框景等）、色彩应用、艺术小品等几方面都需要艺术性的设计。景观设计的艺术性具有明显的时代特征。不同时代不同的审美价值观，形成了景观艺术明显的时代烙印（图 1-62）。

景观的设计艺术有明显的区域性特征。由于景观自然要素是由自然地形、地貌、阳光、空气、水体、植物、气候等自然环境元素组成，不同区域自然要素形成不同的自然景观，如沙漠、森林、大海、草原、高山、丘陵、湖泊、江河等。生活在不同地理区域的人群有不同的生活方式，形成了不同的文化，因此不同地域人文要素也存在差别，如民族习俗、文化、生活方式等方面的差别，也是形成景观设计艺术的区域性差异的主要因素（图 1-63 至图 1-65）。

景观艺术的文化性主要取决于景观设计场所的文化属性。不同地域、不同民族、不同空间类型都有不同的文化氛围，不同的文化符号提取会营造出不同的艺术形体（图 1-66、图 1-67）。

2. 景观设计的技术性

景观设计是集艺术、科学与技术为一体的综合性的感性与理性相结合的构思、创意、实践的过程。

景观环境建构与社会经济、文化的发展特别是科学技术的发展有着较为密切的关系，景观设计的理念更新，如果没有一定的技术支持也是枉然，尤其是景观材料、施工工艺、设备等对景观环境质量的形成有着明显的影响，它不仅为景观环境的建构提供物质上的保证，而且也会充实和精炼景观内容。在现代合成技术发明之前，人们只能是适应和利用原始、自然的材料，如石材、木材、竹材、土、金属等进行简单的组合，技术含量体现得较为低下。现处于信息时代，科技发展更为迅猛，材料学、生态学、施工技术、计算机技术等都在快速发展和应用。这也为进一步构建人类的物质文化生活环境创造了先进的技术条件，为构建高品位、高质量的景观环境开辟了广阔的前景，使得我们更有条件去分享高科技时代带来的文明成果。

景观设计离不开材料，材料的质感、肌理、色泽和拼接的工艺是景观设计师进行造型和环境创作的物质手段，不同材料的运用，创造出的环境

图 1-66 上海植物造型大赛北京市参赛作品

图 1-67 不同场所的灯具设计创意

图 1-68 运用发光材料的铺装

图 1-69 安徽六安市裕安区茶谷景区标志性雕塑“山”

图 1-70 鲁能三亚湾光影艺术节中的光影迷宫“宇宙”

效果、氛围是不一样的（图 1-68）。常用的材料包括：石材、金属、玻璃、木材、竹材、瓦、土以及现代复合材料等。这些材料在景观环境中运用的位置和作用是不一样的，体现在材料要为设计艺术服务。运用这些材料可形成一定的界面，也可形成独立的造型，或综合运用在一起共同形成景观环境（图 1-69）。

随着社会生活功能的日益完善和现代技术的发展，现代人对景观环境的追求不仅限于传统的静态景观，而是多技术、全方位的感观需求，包括城市照明景观，音响的调控装置和一些特殊光的运用，对人们的观赏景观起到刺激五官的作用。综合运用声、光、电等现代技术使现代景观有了更进一步的飞跃，也更符合现代人们的生活品位要求（图 1-70）。

计算机的发展与运用为景观设计提供科学、精确的表现手段。它能够形成形象、仿真的效果，为修改、复制、保存和异地传输提供了便利的条件。目前 GIS 系统在景观设计和管理方面的应用可以省时、省力，准确科学地反映出地物、地貌存在的形态。也便于将现状材料数字化运用到景观设计之中。

总之，景观设计的艺术与技术是相互依存不可分的，在景观设计时，一定要依照景观的功能、性质，综合地考虑艺术与技术的各方面因素，将景观环境设计好、建造好。

（六）景观生态学

景观生态学（Landscape Ecology）是 1939 年由德国地理植物学家特洛尔提出的。它是以整个景观为对象，研究在一个相当大的区域内，运用生态系统原理和系统方法研究景观结构和功能、景观动态变化以及相互作用机理、研究景观的美化格局、优化结构、合理利用和保护的学科，是一门新兴的多学科交叉的学科，主体是生态学和地理学。例如从某地的航片上可清晰地看到森林、草地、河流、城镇等相互作用的生态系统聚合而成的景观。景观中观察到的空间格局，包括种类、大小、形状、轮廓、数目和它们的空间配置，来源于物理的、生物的和社会的力量之间的相互作用。对于景观结构中的空间格局及其变化，景观生态学制定出一系列定性和定量的指标，如景观的镶嵌性、连接度、碎裂性、均匀度、丰富度、边缘度等，这些特征对生物种的分布、运动和持久性有很大影响。景观生态学的研究焦点就是景观空间格局对生物群体的各种影响以及其结构、功能和动态。景观生态学在农林牧渔、风景旅游、城市规划设计、矿区开发、环境规划及国土整治等许多领域有重要的实践意义（图1-71）。

引自：《中国大百科全书（简明版）》，中国大百科全书出版社，1998.10，第2498页。

景观设计在某种程度上来说就是对人们营建某一空间场所对场地破坏后的生态恢复的过程。在景观设计过程中要充分考虑生态设计的方法和技术，使人类对自然场地环境破坏减少到最低程度（图1-72、图1-73）。

如今，景观生态学的研究焦点是在较大的空间和时间尺度上生态系统的空间格局和生态过程。景观生态学的目的就是要协调人类与景观的关系，如进行区域开发、城市规划、景观动态变化和演变趋势分析等。景观生态学以整个景观为研究对象，强调空间异质性的维持与发展，生态系统之间的相互作用，大区域生物种群的保护与管理，环境资源的经营管理，以及人类对景观构成的影响（图1-74、图1-75）。

（七）景观设计制图基础

1. 景观制图常用工具

绘图板、丁字尺、三角尺、比例尺、模板、圆规、曲线板、绘图铅笔、彩色铅笔、钢笔、草图笔、针管笔、橡皮、透明胶带、制图纸、硫酸纸等（图1-76、图1-77）。

2. 透视与制图

透视是透过透明平面观察物体形状，并将物体描绘在平面上的方法。掌握透视原理和画法，能够在平面上重现真实画面，运用多种方法迅速、准确地绘制透视图，以协助图纸的绘制，表达设计意图和专业设计的

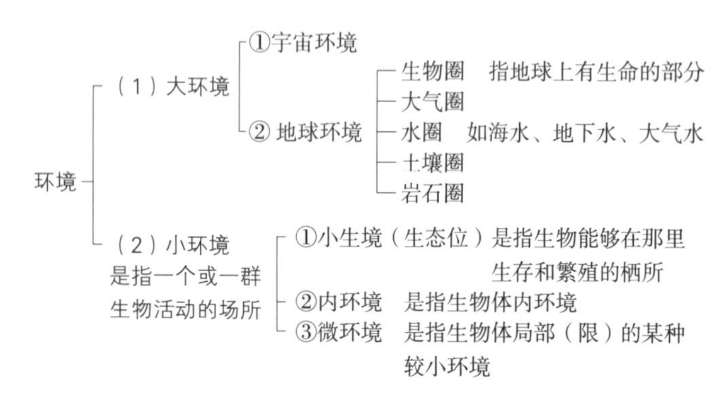

图1-71　环境的类型图示

图1-72　韩国西首尔溪水公园防洪设施

图1-73　英国米尔顿・肯恩斯道路生态设计

图1-74　美国芝加哥道路景观设计

图1-75　韩国西首尔溪水公园雨水收集

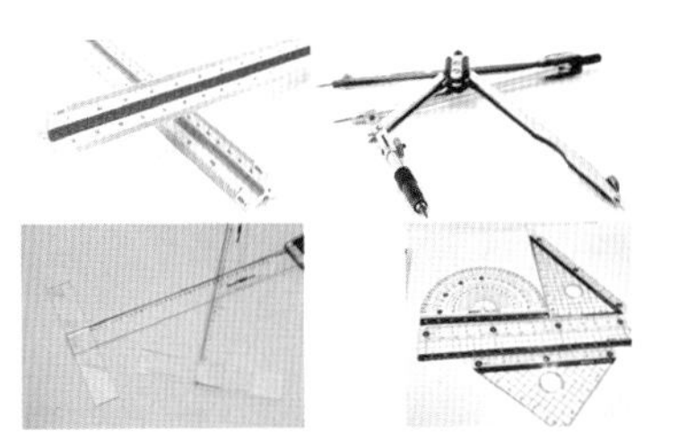
图 1-76　绘图工具

图 1-77　针管笔 马克笔 彩色铅笔

顺利开展。常用的有一点透视、两点透视、三点透视。以下根据不同的绘画角度简述不同透视的基本规律。

（1）透视的常用术语：

视平线：与画者眼睛平行的水平线，通常用 HL 表示。

灭点：透视线的在视平线上的消失点，通常用 V 表示。

测点：用来测量成角物体透视深度的点。通常用 M 表示。

（2）一点透视：立方体一类的物体平面平行于画面及地面，消失线消失到视心的透视画法称为一点透视，又称平行透视（图1-78至图1-84）。一点透视，表现范围广，纵深感强，能够很好地表现出物体的远近，因为只有一个消失点，所以规律简单明确，容易控制和掌握。

（3）两点透视：立方体一类物体除了垂直于地面的棱，其他的两种棱都不平行于画面，或者矩形直角两边都不平行画面，左右边线分别消失到左右消失点的透视画法称为两点透视，也称成角透视（图1-85至图1-92）。

（4）一点斜透视：一点斜透视具备一点透视基本理论求法，但又具备两个消失点，但一般情况下只能在纸面上找到一个消失点，另一个消失在很远，很难在纸面上找到第二消失点。人面对的第一个视线消失点不再与空间中心处于空间偏一侧位置（图1-93至图1-96）。

（5）三点透视：在两点透视基础上，所有垂直于地平线的纵线的延伸线聚集在一起，形成第三个灭点，这种透视关系是三点透视。一般用于建筑效果图和鸟瞰图大场景设计中（图1-97至图1-99）。

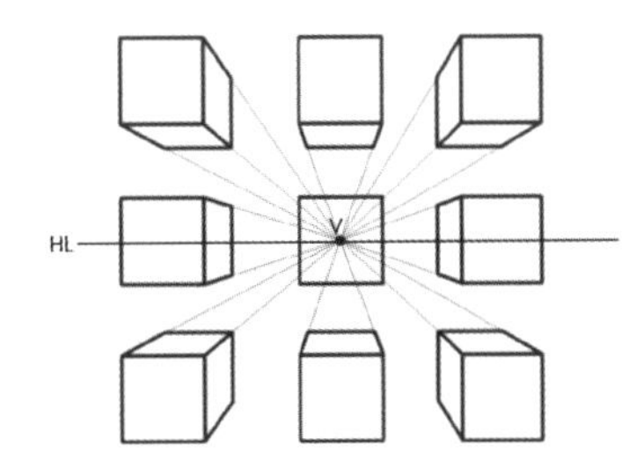

图 1-78　一点透视

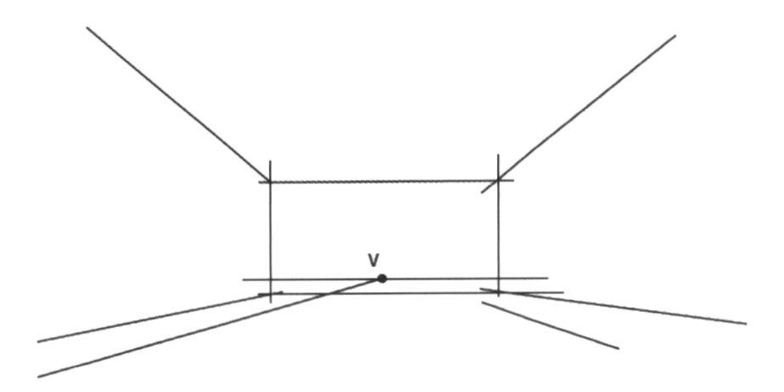

图 1-79　一点透视步骤 1

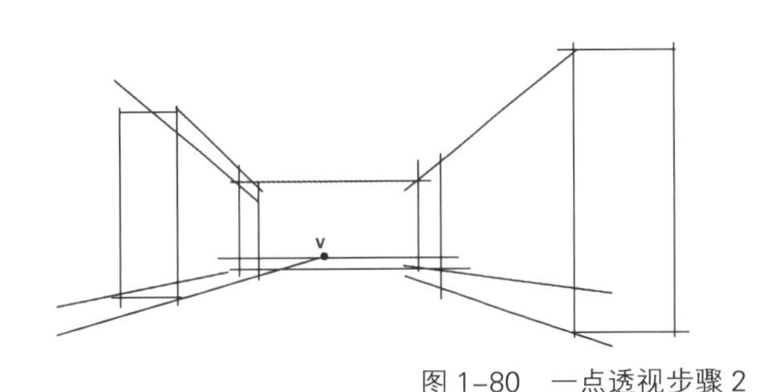

图 1-80　一点透视步骤 2

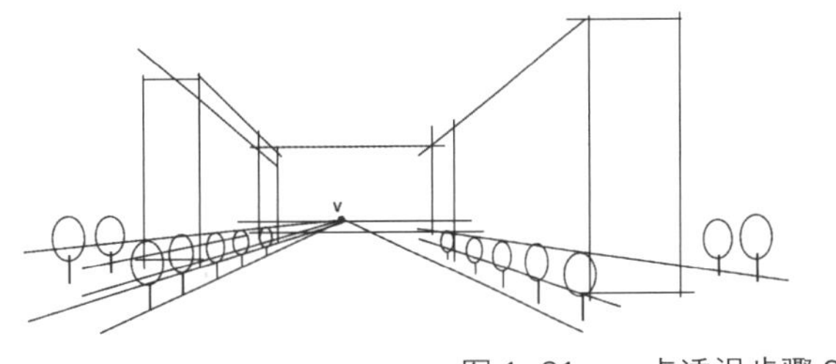

图 1-81　一点透视步骤 3

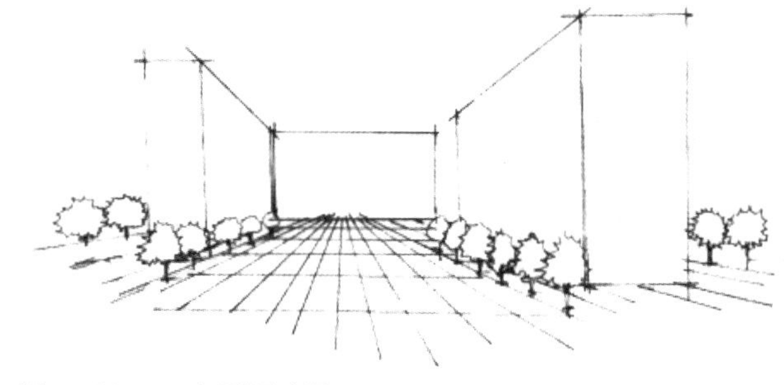

图 1-82　一点透视步骤 4

图 1-83　一点透视步骤 5

图 1-84　一点透视步骤 6

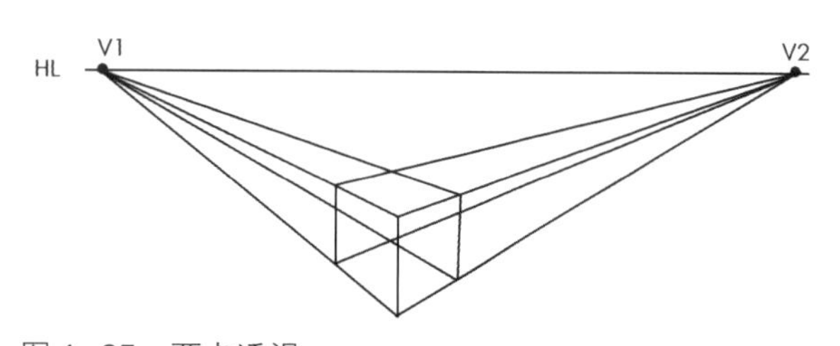

图 1-85　两点透视

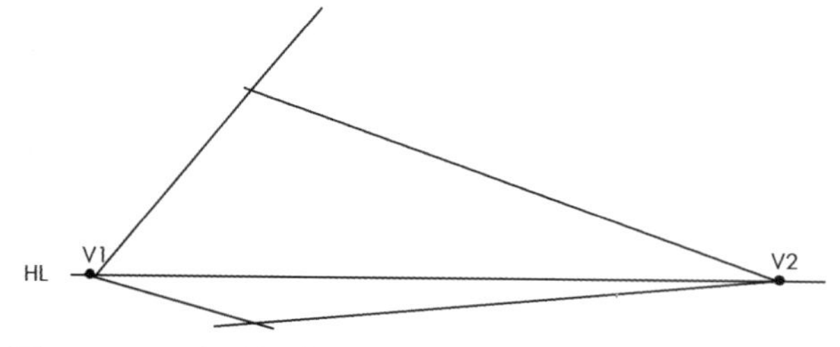

图 1-86　两点透视步骤 1

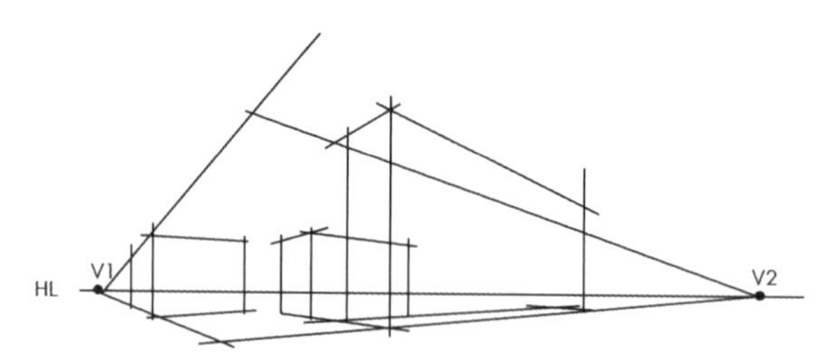

图 1-87　两点透视步骤 2

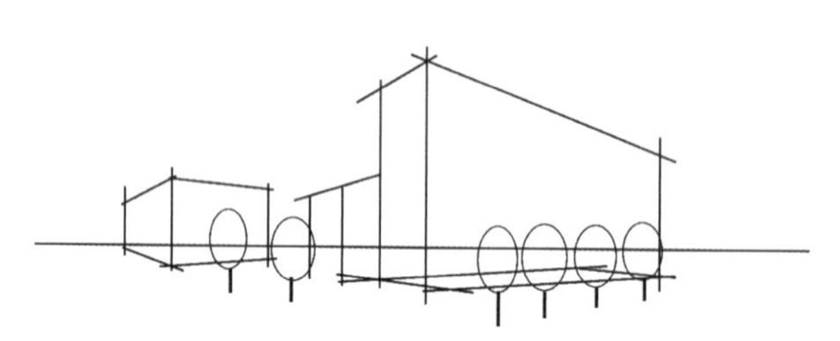

图 1-88　两点透视步骤 3

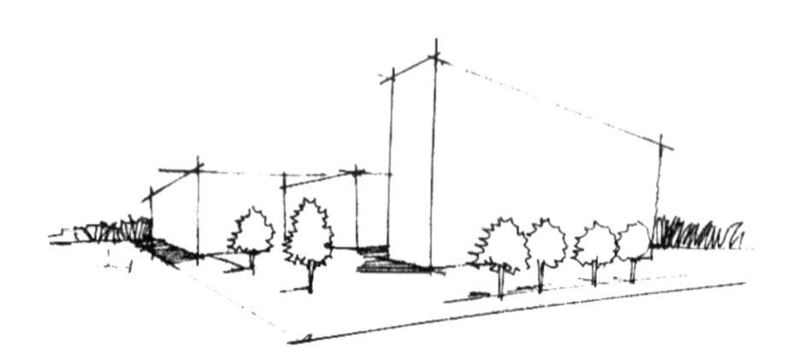

图 1-89　两点透视步骤 4

图 1-90　两点透视图 1

图 1-91 两点透视图 2

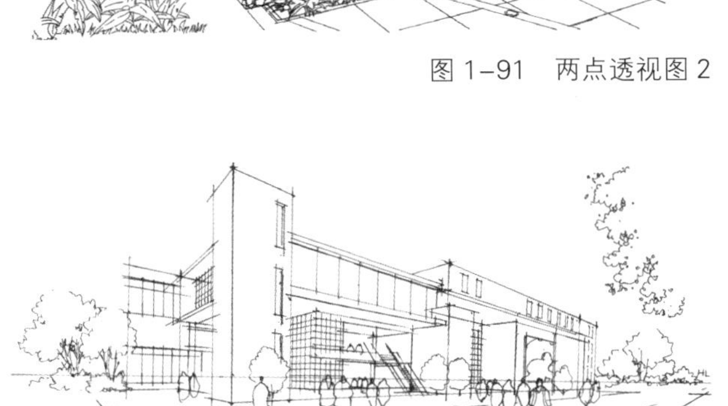

图 1-92 两点透视图 3

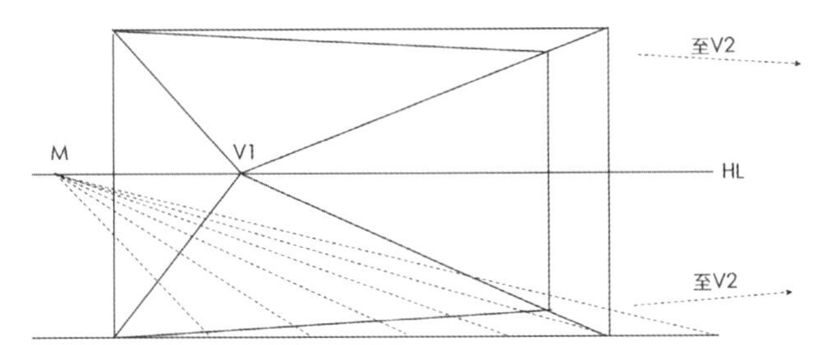

图 1-93 一点斜视图 1

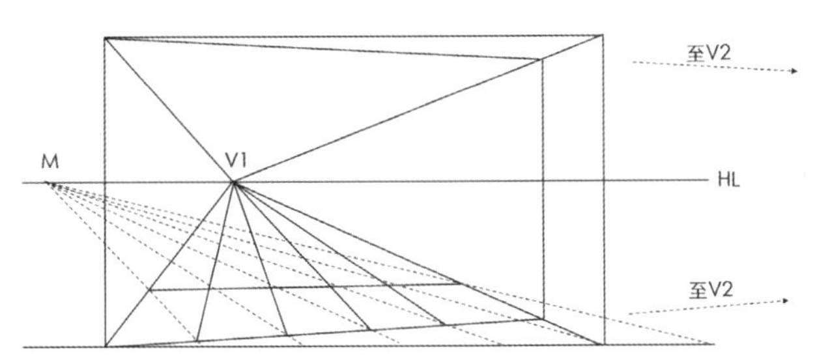

图 1-94 一点斜视图 2

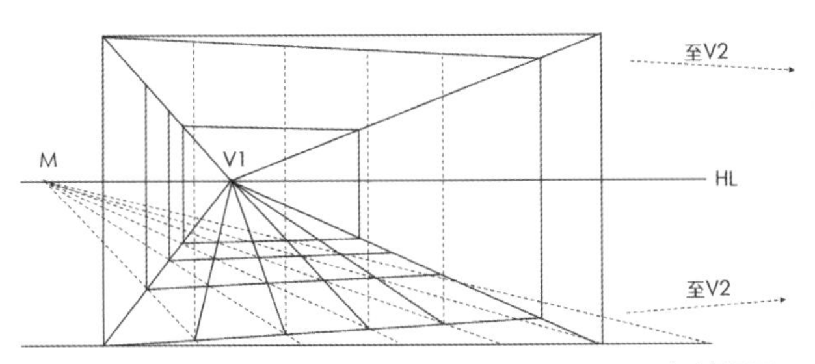

图 1-95 一点斜视图 3

图 1-96 一点斜视图 4

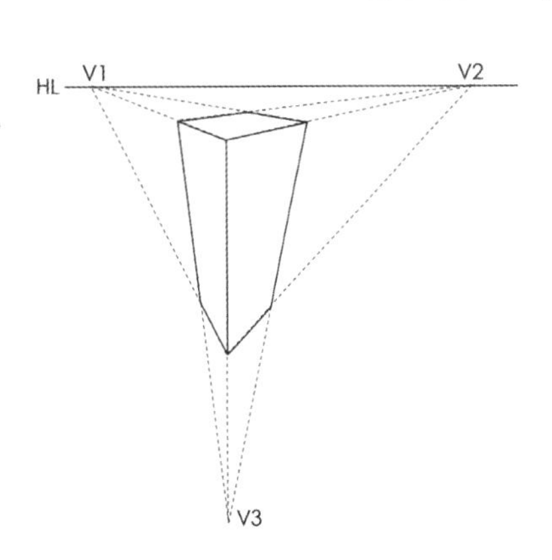

图 1-97 三点透视图 1

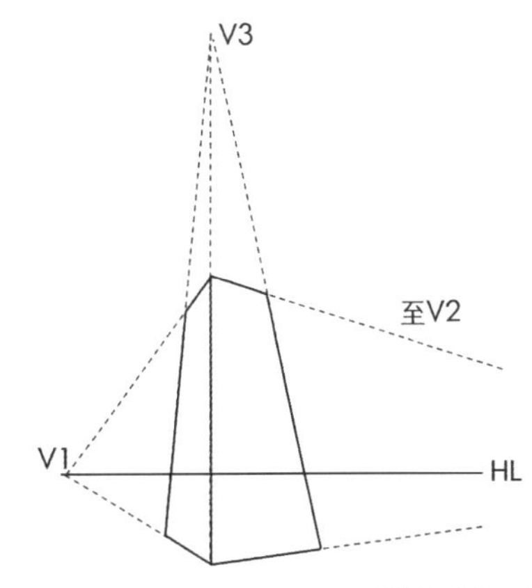

图 1-98 三点透视图 2

图 1-99 三点透视图 3

3. 景观设计手绘效果图表现技法

设计效果图表现中经常运用一些技巧和景观处理方法，达到和表现出设计师最理想化的效果设计意图。

（1）轴线法：是利用轴线来组织景点的方法。在轴线上安排主要景物，轴线可以形成对称或者非对称，也可以是曲线或者有转折的线。产生有机秩序感，有诱导和观赏的作用（图1-100）。

（2）对构法：将有利的景物组织到构图的视线终结处或轴线的端点，以形成视线的高潮和归宿。主景布置在视线或轴线的汇聚处；把主景作为空间构景的重心；将主要景点与主要人流方向对构（图1-101）。

（3）因借法：通过视点和视线的巧妙组织，把空间以外的景物纳入风景画面构图中来，丰富景观层次、扩大空间感。可以直接借景，将可以借取的景物巧妙地组织到景观构图中来，如近借、远借、仰借、俯借、因地而借等。也可以利用水面或镜面的反射或映射间接借景（图1-102）。

（4）相似法：包括形似、神似，主要是指形似。使事物之间的形象相近似，以求得整体的和谐。包括利用反射作用在造型上的重复，产生和谐统一的效果，元素间会形成整体或局部的相似（图1-103）。

（5）抑扬法：利用空间对比来强化视觉感受。方法有：由低到高；由窄到宽；由阴到阳；封闭到开敞等（图1-104）。

（6）透视法：是利用视觉的错觉，来改变景观环境效果的做法（图1-105）。

（7）诱导法：在透视线或轴线的两边用树丛等加以屏障，形成狭长的空间，把人们的视线集中到主景上并引导人们向主景游览的一种前景处理方式（图1-106）。

（8）衬托法：用图底衬主体图，突出主要景物，加大对比度，强调色差，利用色彩、明暗、体量等。同时，也要强化主景的边缘、天际线，使轮廓更清晰（1-107）。

（9）框景法：将景物作为具有画框的风景画来安排的组景方法，是在园林中用门、窗、树木、山洞等来框取另一个空间的优美景色（图1-108）。

（10）虚拟法：是一种限定空间的方法，可以围合，也可以不围合，如一些虚体大门的处理手法（图1-109）。

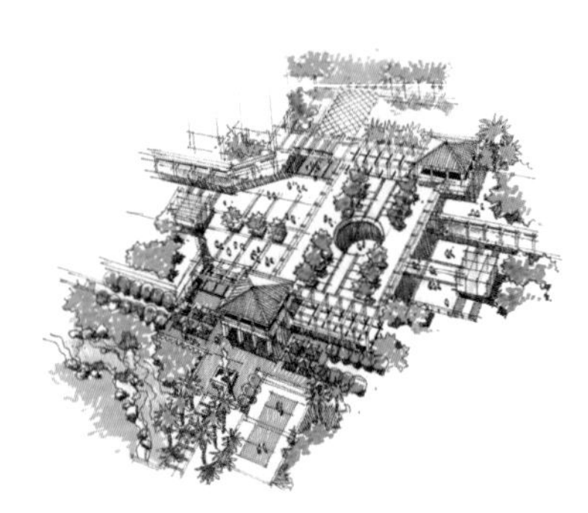

图 1-100 轴线法

图 1-101 对构法

图 1-102 因借法

图 1-103 相似法

图 1-104 抑扬法

图 1-105 透视法

图 1-106　诱导法

图 1-107　衬托法

图 1-108　框景法

图 1-109　虚拟法

图 1-110　障景法

图 1-111　某小区设计平面图 1

图 1-112　某小区设计平面图 2

图 1-113　某广场设计效果图 1

图 1-114　某广场设计效果图 2

（11）障景法：是一种先抑后扬的手法，可以先抑（阻）视线，又能引导空间转折。“欲露先藏”避免一览无余，大有“山重水复疑无路，柳暗花明又一村”之趣（图1-110）。

4．景观设计中计算机辅助设计

在当前的信息社会，计算机辅助设计已经成为景观设计必不可少的组成部分。经过十几年的发展，电脑设计已成为独立的一门艺术形式，能以清晰、准确、客观、逼真的图像反映设计意图，让设计的表达过程变得更加便捷，节省时间，提高效率。图纸设计中的规范性和真实性方面超越了传统手绘基础绘图方法，在规划、景观设计、建筑设计等领域获得更广泛的应用。

景观设计师电脑设计常用软件有：

CAD、Photoshop、3DMax、Sketchup、Lumion 等。

CAD 绘制平面图（图 1-111）。

Photoshop 绘制平面图（图 1-112）。

Sketchup 绘制效果图（图 1-113）。

Lumion 绘制效果图（图 1-114）。

三、景观设计形式与空间类型

景观设计的空间类型有多种划分方式。在本教材中，主要是根据景观设计的空间自然属性和社会属性进行划分的。划分成城市公共空间、风景名胜区、自然保护区、旅游度假区、纪念性景观、国家地质公园、国家矿山公园、遗址公园、湿地景观、乡村景观与特色小镇十大类景观。

（一）城市公共空间景观

城市公共空间是指城市或城市群中，在建筑实体之间存在着的开放空间体，是城市居民日常生活和社会生活公共使用的室外空间，是居民举行各种活动的开放性场所。它包括广场、公园、街道、居住区户外场地、公园、体育场地、滨水空间、游园、商业步行街等。从根本上说，城市公共空间是市民社会生活的场所，是城市实质环境的精华、多元文化的载体和独特魅力的源泉。目前景观设计场地大部分都是城市内公共空间的场地景观设计（图 1-115 至图 1-118）。

（二）风景名胜区景观

根据中华人民共和国国务院于 2006 年 9 月 19 日公布并自 2006 年 12 月 1 日起开始施行的《风景名胜区条例》，风景名胜区是指具有观赏、文化或者科学价值，自然景观、人文景观比较集中，环境优美，可供人们游览或者进行科学、文化活动的区域。风景名胜包括具有观赏、文化或科学价值的山河、湖海、地貌、森林、动植物、化石、特殊地质、天文气象等自然景物和文物古迹，革命纪念地、历史遗址、园林、建筑、工程设施等人文景物和它们所处的环境以及风土人情等。自 1982 年起至 2017 年 3 月，国务院总共公布了 9 批、244 处国家级风景名胜区（图 1-119、图 1-120）。

（三）自然保护区景观

自然保护区景观实质就是自然保护区的自然景观与人文景观相结合的复合型景观。

《中华人民共和国自然保护区条例》第二条定义的“自然保护区” 为“对有代表性的自然生态系统、珍稀濒危野生动植物物种的天然集中分布区、有特殊意义的自然遗迹等保护对象所在的陆地、陆地水体或者海域，依法划出一定面积予以特殊保护和管理的区域”。

自然保护区也常是风光绮丽的天然风景区，具有特殊保护价值的地质剖面、化石产地或冰川遗迹、岩溶、瀑布、温泉、火山口以及陨石的所在地等。

截至 2014 年底，全国已建立自然保护区 2729 处，总面积 147 万平方公里，占我国陆地面积的 14.84%，其中国家级自然保护区 428 个，面积 96.52 平方公里（图 1-121、图 1-122）。

图 1-115　辽宁营口市明湖广场

图 1-116　岳麓山橘子洲头景区

图 1-117　台湾园林景观

图 1-118　西安大唐不夜城

图 1-119　内蒙古扎兰屯

图 1-120　安徽九华山风景

图 1-121　广东丹霞山

图 1-122　辽宁医巫闾山

图 1-123　苏州太湖旅游度假区

图 1-124　大连金石滩旅游度假区

图 1-125　广西北海银滩旅游度假区

图 1-126　三亚亚龙湾旅游度假区

（四）旅游度假区景观

旅游度假区景观是指以接待旅游者为主的综合性旅游区，集中设置配套旅游设施，所在地区旅游度假资源丰富，客源基础较好，交通便捷，对外服务有较好基础。

旅游度假区的景观设计是通过改造环境来实现生态系统的总体平衡，从而实现社会的可持续发展。它包括自然景区设计、生态旅游规划、文化浏览开发、旅游度假设施建设等相关主题进行的景观设计。景观生态学的迅速发展和合理应用，为建设生态型的旅游度假区提供了理论依据。运用景观生态学的原理，研究了旅游度假区景观建设的生态规划途径，以保障景观资源的永续利用，目前我国有 30 处国家旅游度假区（图 1-123 至图 1-126）。

（五）纪念性景观

《现代汉语词典》对“纪念”一词的解释是：用事物或行动对人或事表示怀念。它是通过物质性的建造和精神的延续，达到回忆与传承历史的目的。

根据韦氏字典的解释，“纪念性是从纪念物（monument）中引申出来的特别气氛，有这样几层意思：①陵墓的或与陵墓相关的，作为纪念物的；②与纪念物相似有巨大尺度的、有杰出品质的；③相关于或属于纪念物的；④非常伟大的等。”通过对“纪念”“纪念性”和“景观”的释义，并借鉴《景观纪念性导论》（李开然著）一书中对纪念性景观内涵的概述，把纪念性景观理解为用于标志、怀念某一事物或为了传承历史的物质或心理环境。也就是说当某一场所作为表达崇敬之情或者是利用场地内元素的记录功能描述某个事件的时候，这一场地往往就是纪念性场地了，所形成的景观就是纪念性景观。它包括标志景观、祭献景观、文化遗址、历史景观等实体景观，以及宗教景观、民俗景观、传说故事等抽象景观等（图 1-127、图 1-128）。

（六）国家地质公园

中华人民共和国国家地质公园是由中国行政管理部门组织专家审定，由中华人民共和国原国土资源部正式批准授牌的地质公园。中国国家地质公园是以具有国家级特殊地质科学意义，较高的美学观赏价值的地质遗迹为主体，并融合其他自然景观与人文景观而构成的一种独特的自然区域。

国家地质公园的建立是以保护地质遗迹资源、促进社会经济的可持续发展为宗旨，遵循“在保护中开发，在开发中保护”的原则，依据《地质遗迹保护管理规定》，在政府有关部门的指导下而开展的工作。《地质遗迹保护管理规定》第八条明确指出：对具有国际、国内和区域性典型意义的地质遗迹，可建立国家级、省级、县级地质遗迹保护区、地质遗迹保护段、地质遗迹保护点或地质公园。

截止至 2018 年 3 月，国土资源部一共公布八批共 272 个国家地质公园（图 1-129、图 1-130）。

图 1-127　侵华日军南京大屠杀遇难同胞纪念馆

图 1-128　沈阳九一八历史博物馆

图 1-129　四川九寨沟国家地质公园

图 1-130　云南石林地质公园

图 1–131　浙江遂昌金矿国家矿山公园

图 1–132　湖北黄石国家矿山公园

图 1–133　北京市首云国家矿山公园

图 1–134　广东深圳市平湖凤凰山国家矿山公园

图 1–135　辽宁阜新海州露天矿国家矿山公园

图 1–136　北京市平谷黄松峪国家矿山公园

（七）国家矿山公园

国家矿山公园是以展示人类矿业遗迹景观为主体，体现矿业发展历史内涵，具备研究价值和教育功能，可供人们游览观赏、进行科学考察与科学知识普及的特定的空间地域。

国家矿山公园的建设应以“科学发展观”为指导，融人文景观与自然景观为一体，采用环境更新、生态恢复和文化重现等手段，达到生态效益、经济效益和社会效益的有机统一。

国家矿山公园的建设是矿山环境保护、治理和利用的一条创新途径，有较强的应用推广价值。

国家矿山公园应具备以下条件：

（1）国际、国内著名的矿山或独具特色的矿山；

（2）拥有一处以上珍稀级或多处重要级矿业遗迹；

（3）区位条件优越，自然景观与人文景观优美；

（4）基础资料扎实、丰富，土地使用权属清楚，基础设施完善，具有吸引大量公众关注的潜在能力。

我国已有 72 座公园获国家矿山公园资格（图 1–131 至图 1–136）。

（八）遗址公园景观

遗址公园景观既是“遗址的”又是“公园的”，即利用遗址这一珍贵历史文物资源而规划设计的公共场所，将遗址保护与景观设计相结合，运用保护、修复、创新等一系列手法，对历史的人文资源进行重新整合、再生，既充分挖掘了城市的历史文化内涵，体现城市文脉的延续性，

图 1-137　元大都遗址公园

图 1-138　北京古观象台

图 1-139　牛河梁遗址博物馆

图 1-140　营口西炮台

图 1-141　北京明城墙遗址公园

图 1-142　甘肃张掖湿地

图 1-143　沙家浜湿地

图 1-144　苏州太湖湿地

图 1-145　杭州西溪湿地

又满足现代文化生活的需要，体现新时代的景观设计思路。遗址公园既是历史景观，又是文化景观，遗址公园设计主要应把握风貌特色和历史文脉得以延续和发扬（图 1-137 至图 1-141）。

（九）湿地景观

湿地按性质一般分为天然湿地和人工湿地。天然湿地包括：沼泽、滩涂、泥炭地、湿草甸、湖泊、河流、洪泛平原、珊瑚礁、河口三角洲、红树林、低潮时水位小于 6 米的水域。湿地景观是指湿地水域景观。近几年来，湿地景观设计作为一种特有的生态旅游资源，在旅游规划中的开发和利用也越来越受到重视。

湿地旅游景观设计时要充分考虑丰富的陆生和水生动植物资源，形成了其他任何单一生态系统都无法模拟的天然基因库和独特的环境，特殊的水文、土壤和气候提供了复杂且完备的动植物群落，它对于保护物种、维持生物多样性具有难以替代的生态价值。每一因素的改变，都或多或少地导致生态系统的变化和破坏，进而影响生物群落结构，改变湿地生态系统（图 1-142 至图 1-146）。

（十）乡村景观与特色小镇

从地域范围上看，乡村景观是泛指城市景观以外的地域空间；从构成上来说，乡村景观是由乡村聚落景观、自然景观、农业景观和经济景观等构成的景观环境综合体；从特征上来看，乡村景观是自然景观和人文景观的综合体，是一种可以开发利用的资源，其特征是人类干扰程度相对较低，景观的自然属性较高，自然环境占主体。

图 1-146　陕西千湖湿地

图 1-147　江西婺源

图 1-148　福建芦丰村绳武楼

图 1-149　北京密云特色小镇

图 1-150　陕西省诸葛古镇

乡村景观是由自然要素和人文要素构成的。自然与人类活动之间长期的相互作用形成了独特的乡村景观，也就决定了其是以自然景观为基础、以人文因素为主导的人类文化与自然环境相结合的景观综合体（图 1-147、图 1-148）。

特色小镇发源于浙江，是在新的历史时期、新的发展阶段的创新探索和成功实践。特色小镇建设特色性体现主要表现为产业上坚持特色产业、旅游产业两大发展架构；功能上实现“生产”+“生活”+“生态”，形成城乡一体化功能聚集区；形态上具备独特的风格、风貌、风尚与风情；机制上是以政府为主导、以企业为主体、社会共同参与的创新模式（图 1-149、图 1-150）。

国家发革委、财政部以及住建部决定在全国范围开展特色小镇培育工作，计划到 2020 年，培育

1000个左右各具特色、富有活力的休闲旅游、商贸物流、现代制造、教育科技、传统文化、美丽宜居等特色小镇，引领带动全国小城镇建设。

四、景观设计构成要素

景观设计的构成要素主要分成两大类：景观环境的自然要素和景观环境的人文要素。

（一）景观环境的自然要素

景观环境的自然元素主要包括气候、地形地貌、水体、植物等。自然元素所形成的风景包括山岳风景、水域风景、滨海风景、森林风景、草原风景、生物景观和气候风景等。

我国是一个山川秀丽、风景宜人的国家，丰富的自然景观一直闻名于世，为中外游人所青睐。丰富的景观自然元素为美丽的风景创造了先决条件。景观设计必须充分考虑场地的自然元素，气候类型会影响植物选择，同时也会影响植物的季相变化。景观的自然元素是影响景观设计的关键因素，因此必须因地制宜地进行设计的构思。

地貌的起伏构成自然景观的基本骨架，地貌具有的立体感和形象感以雄伟、险峻、幽深、壮阔或恬静的特征，给人以自然美的感受。地貌的变化能影响人的心情，开阔的视野能使人心情舒畅。由于山地的空间变化形成的自然景观丰富，因而具有较强的欣赏性。地表的起伏变化状况和走向在中国传统的景观环境中非常讲究，这与中国建筑文化传统中注重风水的渊源相关（图1-151）。

图1-151　四川九寨沟景区五彩池景观

（二）景观环境的人文要素

景观设计是人类精神活动的重要组成部分，人类的文明积淀和创造性精神均可在其空间、形状、色彩等方面得以体现，而其蕴含的人文价值和精神力量使人文景观充满了魅力。人文景观是历史发展的产物，具有历史性、人文性、民族性、地域性和实用性等特点。

人文景观的具体构成形式包括古代建筑、文化遗址、古代城市景观以及民族民俗景观等，而这些构成形式之间又有互相联系和影响，组成了一个综合性的人文景观要素（图1-152）。

图1-152　南京明孝陵

人文景观是人们在长期的历史人文生活中所形成的艺术文化成果，是人类对自身发展过程科学、历史、艺术的概括，并通过景观形态、色彩以及其他的整体构成表现出来。

人文景观是园林中最具特色的要素，而且丰富多彩，艺术价值、审美价值极高，是文化中的瑰丽珍宝。

人文景观要素主要包括名胜古迹类、文物与艺术品类、民间习俗与节庆活动类、地方特产与技艺类等。名胜古迹类包括古代建筑（宫殿、陵墓）、民居、桥梁、园林、宗教建筑、文化遗址等；文物艺术景观是指石窟、壁画、碑刻、摩崖石刻、石雕、雕塑、假山与峰石、名人字画、文物、特殊工艺品等文化、艺术制作品与古人类文化遗址、化石。古代石窟、壁画与碑刻是绘画与书法的载体，现代有些已成为名胜区。

民俗风情是人类社会发展过程中所创造的一种精神和物质现象，是人类文化的一个重要组成部分。社会风情主要包括民居村寨、民族歌舞、地方节庆、宗教活动、封禅礼仪、生活习俗、民间技艺、特色服饰、神话传说、庙会、集市、逸闻等。我国民族众多，不同地区、不同民族有着众多的生活习俗和传统节日。

人文景观要素既是景观的组成部分，又是景观艺术设计创意的源泉。

五、景观设计的设计原则及评价标准

（一）设计原则

1. 整体性原则

景观是一系列生态系统构成的有机整体，景观序列是连续且完整的，在景观设计时要考虑功能的整体性和连续性，从选址、规模大小到设计风格的确定进行合理的规划构思，保证设计的整体性。

2. 生态性原则

景观设计中生态原则的运用尤为重要，如植物种植设计要注重乔木、灌木、草本植物、湿生植物之间的合理配置，从植物的不同高度、颜色、季节变化等方面营造出自然、生态的植物群落。植物配置讲求层次分明、季节变化，合理的搭配可以起到改善小气候、美化环境、减小噪声、净化空气的作用。

3. 尺度适宜原则

景观设计中对空间场所尺度大小的把控十分重要，要根据场地环境和场地精神来确定园林空间、建筑、道路、水体、小品设施（图1-153）、铺装、植物配置（图1-154）等方面的尺度。尺度的大小根据功能需要确定，易于让人感知，同时园林尺度要满足人性化设计，使各类人群能够很好地使用。

4. 尊重地域文化原则

设计时应尊重地域传统文化及自然环境，了解项目的自然因素及人文因素，其中自然因素包括：地理位置、地形条件、自然气候、物产种类等；人文因素包括当地的历史文化、风土民俗、生活习惯等。在对场地熟知的前提下，因地制宜地选择当地材料及植物，营造出适宜舒适的外部环境。

5. 艺术性原则

景观设计在注重功能使用的同时，也要考虑景观的艺术性，如植物设计上即可遵循美学艺术与造园艺术的统一、调和、均衡和韵律四大原则，达到视觉上的美感和良好的生态环境。小品设施中的灯具、雕塑、景墙、指示牌、座椅、垃圾桶等是景观空间中功能性较强的设施，在设计时加入艺术的设计手法，可增强设施的视觉感及艺术性（图1-155）。

（二）评价标准

1. 设计风格因地制宜评价

设计风格因地制宜评价是指根据设计所在区域的地形地貌、气候生态、生态群落、水资源、人文环境、构筑物等方面来确定设计风格，因地制宜地营造适合环境的景观类型，体现当地景观特色，结合当地实际情况进行合理规划和设计。

图 1-153　空间场所中景观座椅

图 1-154　植物配置比例与尺度相协调

图 1-155　巴塞罗那路边光与影的艺术

2. 空间整体布局的合理性评价

空间整体布局的合理性评价是指在设计时首先对场地整体的合理布局，在设计上要求场地与周边的环境融合为一体，形成统一的设计理念；硬质景物与软质景物协调处理，注重空间形态、外延、邻里空间的联系；整体布局时考虑空间比例、场地设施、小品、植物配置等尺度的合理控制（图1-156）。

3. 生态设计评价

生态设计评价是对景观中的自然要素的评价，即植被种类的多样性、水体的质量、环境因素（图1-157）。

4. 艺术性评价

艺术性评价是从景观的美感度出发，结合环境心理主观感受对景观的认识，将环境色彩及季节性景观变化作为主要的评价因素（图1-158）。

5. 心理感受评价

心理感受是指人对景观产生的不同感受，通过这种感受评价可以更为直观地了解人对景观空间的满意程度，反映出人处于环境中是否舒适、协调（图1-159）。

6. 技术经济指标的合理性评价

技术经济指标的合理性评价是指在整体设计上应具有合理性、科学性、实用性。景观技术经济指标包括总用地面积、总建筑面积、绿地面积、绿地率、停车位、道路面积、道路占地率、水系面积、水系占地率等。

图1-156 空间布局合理的景观空间

图1-157 城市生态公园

图1-158 视觉性较好的植物配置

图1-159 受人欢迎的景观空间

第二章

景观设计程序与实训

景观设计目的就是将设计师的理念与目的传达给使用者，景观设计是指现场勘查、理念产生、方案构思、图纸表达、施工设计等一系列设计过程，不同时期设计过程因服务对象不同而有差别。现代景观设计主要满足大众行为心理和生理的需求，公众参与性较强。空间尺度也有了变化。目前，景观设计大多数采取工程设计招标方式，使景观设计进入了市场化阶段。

本章内容首先涉及景观设计的基本程序，其次进入城市中心场景、居住区、公园、庄园（旅游度假酒店）、乡村五种空间类型景观设计项目实训，提高我们的实践能力。

本章课程内容包括：

一、景观设计的程序

二、实训项目一：城市中心场景设计

三、实训项目二：居住区景观设计

四、实训项目三：公园景观设计

五、实训项目四：庄园（旅游度假酒店）景观设计

六、实训项目五：乡村景观设计

一、景观设计的程序

景观设计的过程是感性和理性思维相结合的过程。方案构思需要感性的认知，施工图设计必须有理性的思维，设计必须符合设计场所的需求，因此，景观设计必须强调实践性。本章是教材的核心部分，在讲解景观设计程序的基础上，主要加强学生设计实训能力，通过案例分析、实训作业等使学生掌握设计流程、不同空间类型的设计要点，强化学生景观设计的实践能力。

目前，一般情况下景观设计的过程分为五个阶段：任务书阶段、场地调查和分析阶段、方案的概念设计阶段、方案扩充（详细）设计阶段和施工图设计阶段。

（一）任务书阶段

目前在我国景观设计任务主要有委托设计和招标设计两种形式。但无论哪种形式，委托方（或招标方）都要给出设计任务书。任务书的内容主要包括：项目概况、设计依据、竞标方式、设计成果要求（总体要求、具体内容包括设计图版展示和文字说明、设计成果文件等）、评标办法、日程安排、费用补偿等内容。

在任务书阶段，设计人员应该充分了解设计委托方的具体要求，有哪些愿望，对设计所要求的造价和时间期限等内容。这些内容是整个设计的根本依据，从中可以确定哪些值得深入细致地调查和分析，哪些只要做一般的了解。在任务书阶段很少用到图面，常用以文字说明为主的文件。

（二）场地调查和分析阶段

掌握了任务书阶段的内容之后就应该着手进行基地调查，到现场拍摄照片，对地形地貌进行观察，收集与基地有关的资料，补充并完善任务书和设计委托方提供资料不完整的内容，对整个基地及环境状况进行综合分析。收集来的资料和分析的结果应尽量用图面、表格或图解的方式表示（图2-1、图2-2）。

场地分析的内容包括：场所区位分析、场地所在位置的自然要素（气温、降水、坡度、坡向、高程、水文、生态物种等）分析、场所周边环境条件（周边的用地性质，其他相同项目的分布及服务半径、人群行为活动、道路交通条件等）分析、场地社会人文要素（历史信息、名胜古迹、民风民俗）分析等内容。

图 2-1　现场勘测照片

图 2-2　设计场地现场调研

一般通过轴测图的形式分层次进行分析，主要是发现场地进行景观设计的限制因素，为下一阶段的构思和方案设计奠定基础（图 2-3 至图 2-6）。

（三）方案的概念设计阶段

方案的概念设计也称方案初步设计，是最终成果的前身，相当于一幅图的草图，就是在综合考虑任务书所要求的内容和基地及环境条件基础上，对场所进行主题设计定位，提出一些方案构思和设想，进而提出场所设计方案的系列过程。在没有最终定稿之前的设计都统称为概念（初步）设计。

当基地规模较大及所安排的内容较多时，就应该在方案设计之前先作出整个景观的用地规划或布置，保证功能合理，尽量利用基地条件，使诸项内容各得其所，然后再分区分块进行各局部景区或景点的方案设计。若范围较小，功能不复杂，则可以直接进行方案概念设计。

方案概念设计阶段本身又根据方案发展的情况分为方案的构思、方案的选择与确定以及方案的完成三部分。主要步骤有：整理分析资料—找到主题—依据主题进行构思—确定用途设计模式—摆出多种界面—设计出多种思路—选出最合适的一种设计模式（图 2-7、图 2-8）。

该阶段的工作主要包括进行功能分区，结合基地条件、空间及视觉构图确定各种使用区的平面位置（包括交通的布置和分级、广场和停车场地的安排、建筑及入口的确定等内容）。常用的图有功能关系图、功能分析图、方案构思图和各类规划及总平面图（图 2-9 至图 2-15）。

（四）方案扩充（详细）设计阶段

扩充设计就是扩大性初步设计，也称详细的设计。是对方案概念设计进行细化的一个过程。是指在方案初步设计基础上的进一步设计，但设计深度还未达到施工图的要求，小型工程可能不经过这个阶段，直接进入施工图。

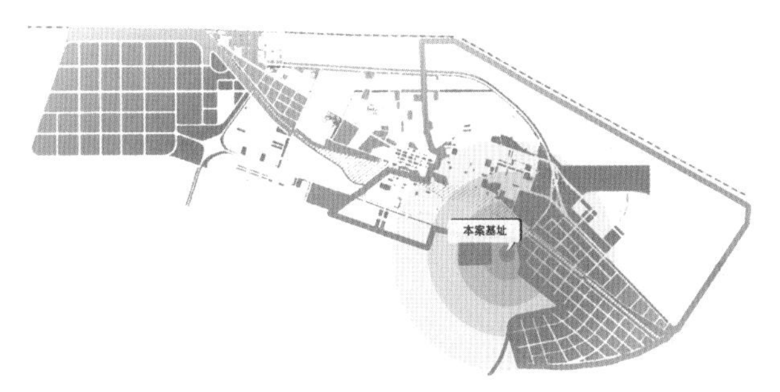

图 2-3　设计场地区位分析图

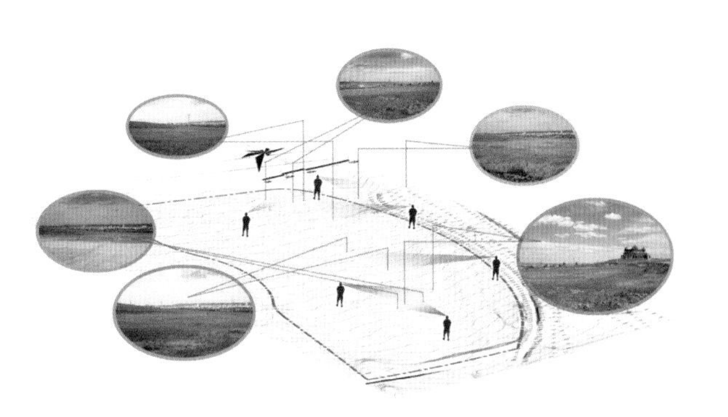

图 2-4　设计场地现状分析图

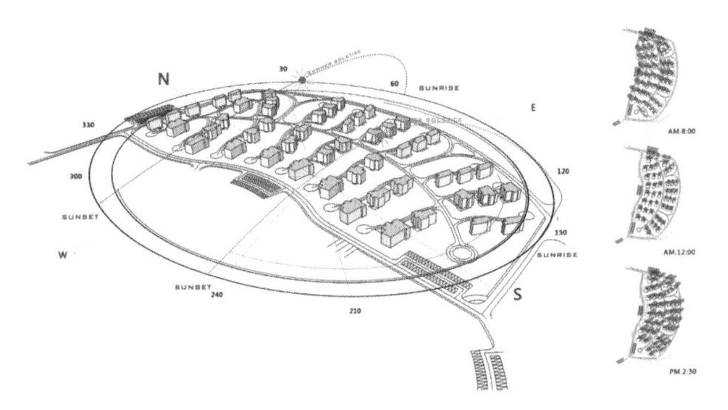

图 2-5　设计场地日照分析图

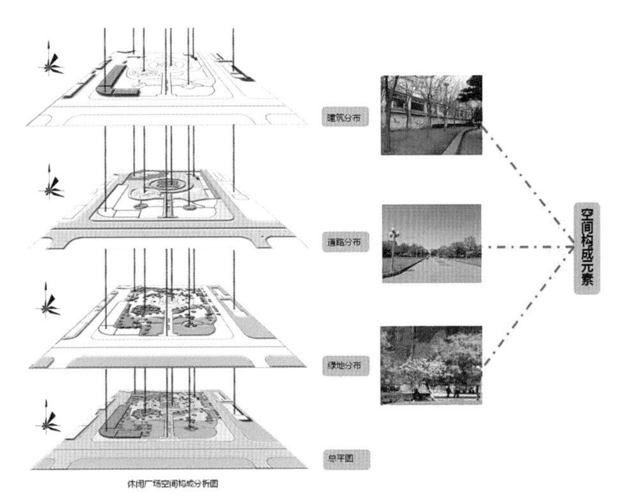

图 2-6　场地空间构成分析轴测图

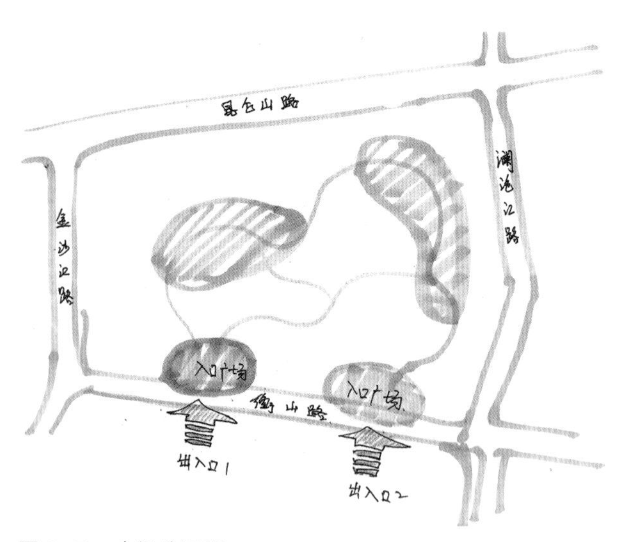

图 2-7 功能分区图

图 2-8 概念设计图

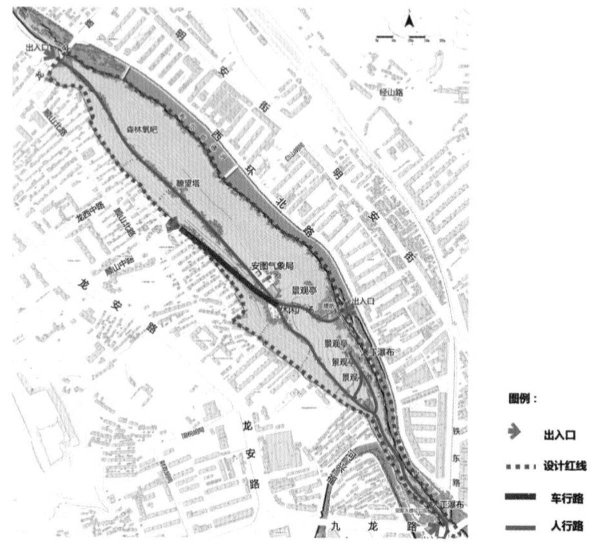

图 2-9 设计场地交通流线分析图

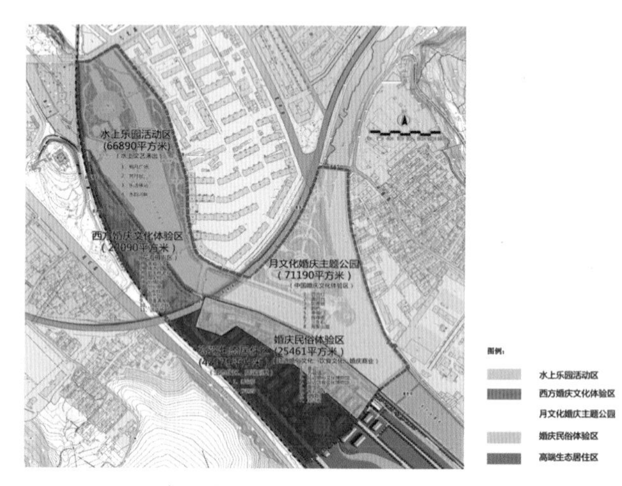

图 2-10 设计场地功能分区图

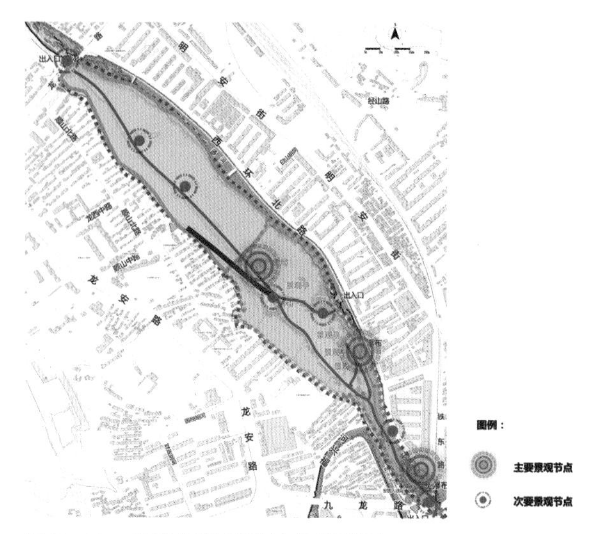

图 2-11 设计场地景观结构设计图

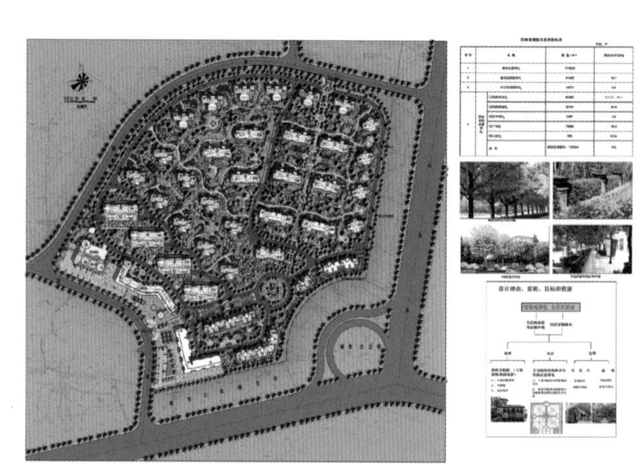

图 2-12 设计总平面图

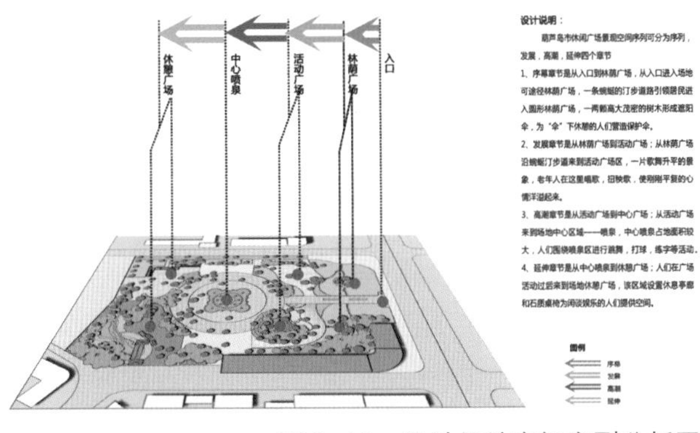

图 2–13　设计场地空间序列分析图

图 2–14　鸟瞰效果图

图 2–15　与甲方沟通汇报现场

图 2–16　局部效果图 1

图 2–17　局部效果图 2

图 2–18　局部效果图 3

方案概念设计任务完成后，经过委托方的评审和沟通，对方案概念设计的内容进行修改完善，同时注重细部设计，扩充阶段的方案图纸应该具备可以使用该图纸进行施工图设计的要求（图 2-16 至图 2-18）。

（五）施工图设计阶段

施工图设计阶段是将设计与施工连接起来的环节。根据所设计的方案，结合各工种的要求分别绘制出能具体、准确地指导施工的各种图样，这些图样应能清楚、准确地表示出各项设计内容的尺寸、位置、形状、材料、种类、数量、色彩以及构造和结构，完成施工平面图、地形设计图、种植平面图、园林建筑施工图等。

施工图具有图纸齐全、表达准确、要求具体的特点，是进行工程施工、编制施工图预算和施工组织设计的依据，

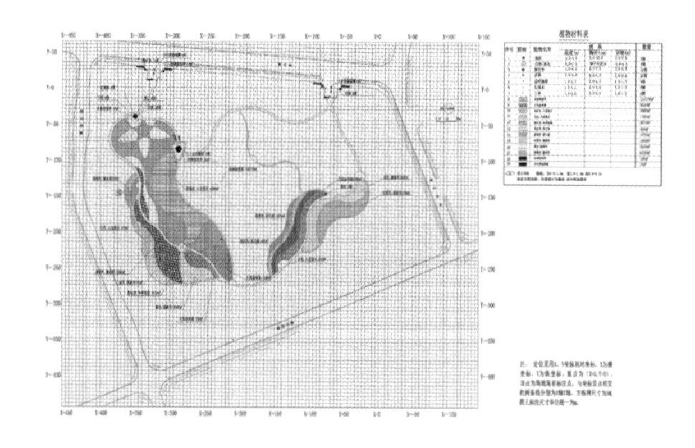

图 2-19 施工放线图

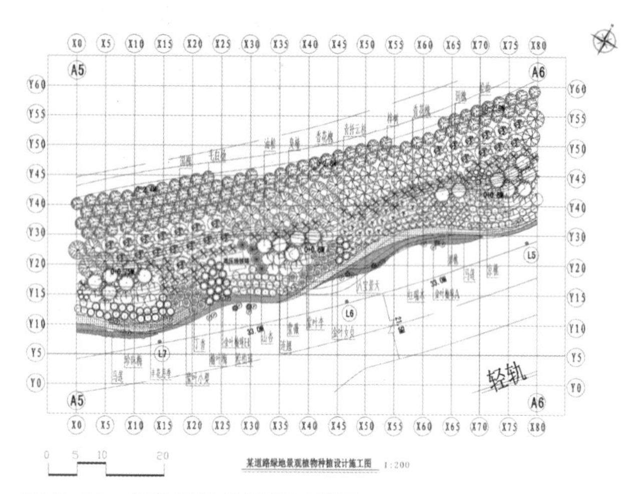

图 2-20 植物种植设计施工详图

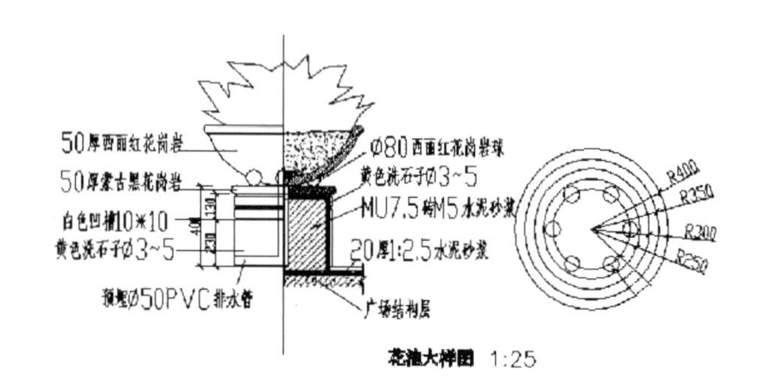

图 2-21 花坛设计施工大样图

也是进行技术管理的重要技术文件。一套完整的施工图一般包括：各类图表及文字说明、平面图、立面图、剖面图、植物种植设计施工图、地面铺装设计施工图、给排水施工图、电气施工图、暖通施工图、景观建筑施工图和结构施工图、公共基础设施设计大样图、园路基础结构图、节点大样图等（图 2-19 至图 2-21）。

二、实训项目一：城市中心场景设计

美国的简·雅各布斯说过“当你想象一个城市的时候，是什么会首先进入脑海？街道。如果一个城市的街道看起来充满趣味性，那么城市也会显得很有趣；如果街道看上去很沉闷，那么城市也是沉闷的。”城市空间由点状的中心场景空间环境和线状的道路空间景观构成。

通过对城市中心场景设计、道路景观设计典型案例的分析，使学生掌握城市中心场景设计、道路景观设计的内容、设计深度、图纸要求等，然后通过项目认知实践过程，在老师指导下进行项目实践训练，提高学生实际操作能力。实训作业是由学生独立完成的内容，主要检验学生掌握本章知识程度。

（一）课程要求

1. 训练目的

通过对城市中心场景设计、道路景观设计两个案例分析，使学生了解城市中心场景设计、道路景观设计的要素、设计内容、设计方法、设计步骤和设计要点，进而使学生能自己尝试进行城市中心场景、道路景观设计。

2. 训练重点

本次项目训练重点在于让学生掌握道路景观设计的两侧的绿地现状分析及其设计要点。

3. 学习难点

现代城市中心场景设计的难点在于掌握场景空间尺度与场地属性认知，以及与场地相一致的设计创新意识；街道设计重点在于掌握营造有特色的交通、生活型街道景观设计的方法。

4. 项目认知实践

在案例分析基础上，由老师带领学生对某一有代表性的中心场景或新建成的道路进行实地考察，现场讲解。学生在老师指导下完成某一城市商业街景观设计，掌握设计流程和设计要点。

5. 实训作业

时间要求：根据设定难度确定作业时间。

深度要求：构思草图、总平面图、设计说明、立面图、局部效果图若干张。提交 A3 文本一册。

（二）设计案例

案例一：成都宽窄巷子设计

1. 项目概况

项目位于成都市青羊区，距天府广场西侧约 1000 米，宽巷子、窄巷子、井巷子是成都市历史文化重点保护区（图 2-22）。规划保护与更新建筑面积约 66590 平方米，其中完整保护的传统民居类型建筑约 20000 平方米。项目是历史街区改造的经典案例，由北京华清安地建筑设计事务所有限公司设计完成。

2. 道路分析

宽窄巷子是清代少城兵丁胡同中仅存的两条，基本保留了百年前的历史风貌。宽、窄、井三条平行的街巷长度都在 400 米之内，宽巷子与窄巷子、窄巷子与井巷子之间设计有南北向的通道，便于人们自由穿行于整个街区。

3. 设计理念和设计重点

项目旨在对历史街区的保护，保持传统建筑的形式和风貌，同时与现代使用功能相结合。设计中重点保护街巷及组成街巷的外观风貌，如门头、外墙、装饰物、植物等，同时保留原有的院落划分，使整个街区依然按照原有格局分布。

项目中大部分建筑采用传统的木结构形式和传统施工工艺，设计师采取修旧如旧原则，充分利用原有建筑材料与装饰构件，妥善保护土墙、砖墙、门头、构件等不需更换的部位。在科学的实施策略指导下，采用了保留、回迁、合作、统规自建等方式，充分体现了居民参与的原则。

4. 节点设计

项目设计中，每隔 30~50 米的距离，根据场地的情况设计出一处节点，体现了线性空间的层次性和多样性。宽巷子、窄巷子、井巷子从历史文脉中提取场景片段并加以升华，分别设计出景观节点。宽巷子从东到西依次是东堂序语、蓉城掠影、梧桐依旧、日曜琼

图 2-22　项目鸟瞰示意图

楼、又见梧桐、古珠新棱、昔影新妆。窄巷子从西到东依次为轻舞古巷、轻丽幽巷、窄巷风韵、迷情窄巷、低吟浅酌、残墙絮语、情结巷韵。井巷子，从西到东为霓虹游景、影之炫舞、流光溢彩、梦泽景影。

5. 铺装设计

根据每个巷子的不同特点进行铺装设计，宽巷子铺装材质以铜板石为主，用简洁自然的砌筑方式，道路中央设计一条引导性辅助带，两侧随机装饰铜质边条（图2-23）。窄巷子街道较窄，两侧建筑界面较为朴素，铺装材料利用场地现有材料，铺设青砖和铜板石，用最简单的形式衬托两侧古朴的建筑和街道氛围。井巷子北侧为传统建筑界面，南侧为四层高现代住宅，根据场地周边环境，铺装材料形式的选择比宽巷子和窄巷子丰富，以不同质地和尺寸的石材配以木材、青砖形成多变的底界面。

6. 植物选择

植物选择以保留原有树木为主，保留下的树种为悬铃木、银杏、榕树、桂花、泡桐、构树、洋槐、枇杷、香樟、棕榈、桃树、李树、慈竹、斑竹、万年青等数十种（图2-24）。并设置花池、树池、采用容器种植、垂直绿化的手法，营造出自然、古朴安逸的街道氛围。

7. 保护再利用

在井巷子有一段东西向墙体，用最具历史纵深感的建筑元素——砖、垒砌台、城、墙、壁、道、碑、门、巷的文化片段：羊子山土坯砖、秦砖、汉砖、唐砖、宋砖、明砖、清砖、火砖、七孔砖、民国砖、水泥砖、瓷砖砌筑，演绎千年古城、百年老巷沧桑（图2-25）。

8. 照明设计

灯具外观设计融入中国文化元素，并且与成都环境相融合，例如鸟笼灯的设计是源于鸟笼是成都人熟悉的生活符号，而且鸟笼与灯笼外形相近，较易被人接受（图2-26）。项目中墙壁上多处用到具有时代特征的瓦楞灯，比较吸引人（图2-27）。小洋楼广场灯具外形采用欧式风格，镂空图案为中式窗花，这种中西结合设计既与建筑风格统一，又与项目的整体环境相协调。

图2-23　宽巷子铺装

图2-24　保留树木

图2-25　宽窄巷子景墙

图2-26　宽窄巷子灯具1

图2-27　宽窄巷子灯具2

案例二：大连市旅顺口区郭水路道路景观设计

1. 项目概况

此项目是大连市旅顺口区郭水路至马北路绿地景观设计，2013 年由大连工大艺术设计研究院有限公司设计完成。全线路段设计沿大连 202 轻轨延伸工程，东起郭家沟，西至旅顺新港，全长为 21.4 千米，规划绿地范围为沿道路两侧 30 米绿化带，规划总面积约为 1284000 平方米。

郭水路（ 图 2-28 ）与马北路是旅顺新港通往大连市区的重要交通道路，是展现旅顺区城市面貌的窗口。因此，本项目的设计目标是要打造一条现代化、高品位、高标准的生态景观道路，为大连市创建森林城市构筑主体框架。道路全线大部分路段与 202 轻轨线并行。所以本景观设计不同于其他城市道路景观设计，要着重考虑满足公路两侧景观效果的同时，还要兼顾轻轨一侧的视觉效果需求，营造复合道路景观效果，最终达到设计后的道路景观带在视觉上的对称性与统一性。

2. 现状分析

根据道路实际情况，为了便于设计图纸，把设计范围分两部分。

第一部分：东起郭家沟，西至西沟中桥（A、B 两段），全长 10.1 千米（图 2-29），设计范围数据如下：

（1）不需要设计面积约18.6万平方米。其中包括绿化路段、区政府周边路段不需要设计，还有立交桥、河道等不具备设计条件的路段。

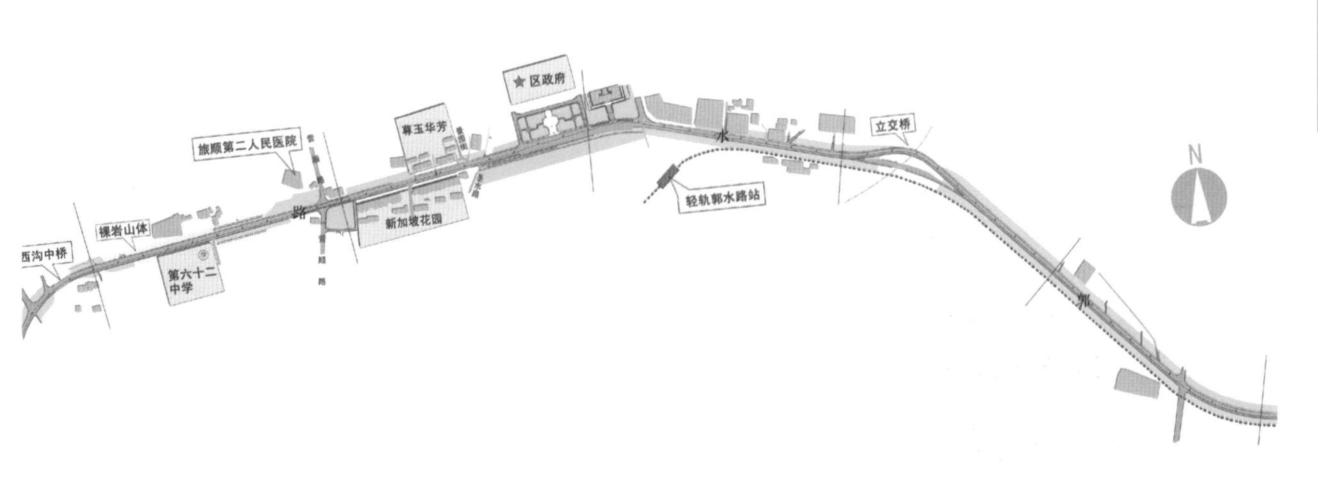

图 2-28　郭水路道路路线图

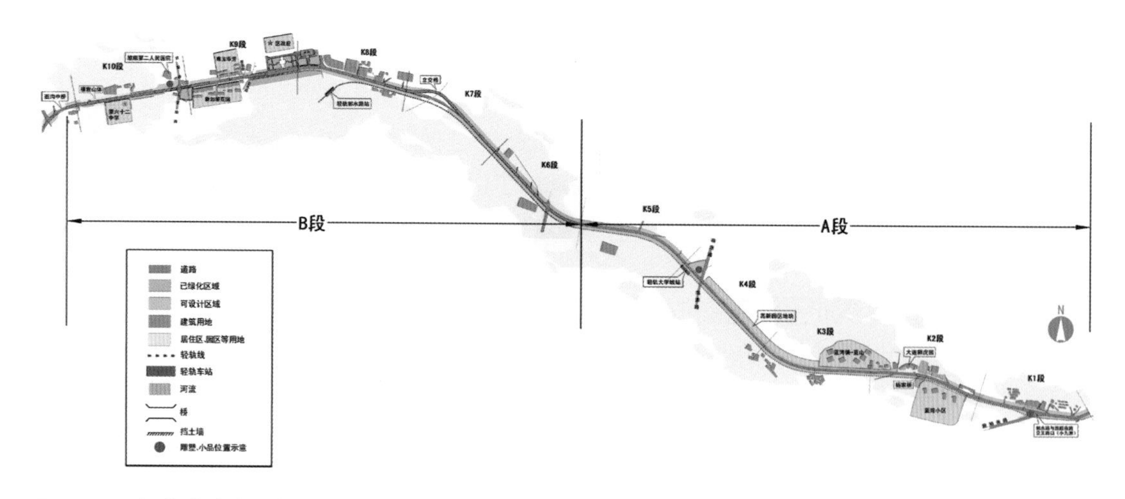

图 2-29　郭水路路线规划示意图（A、B 段）

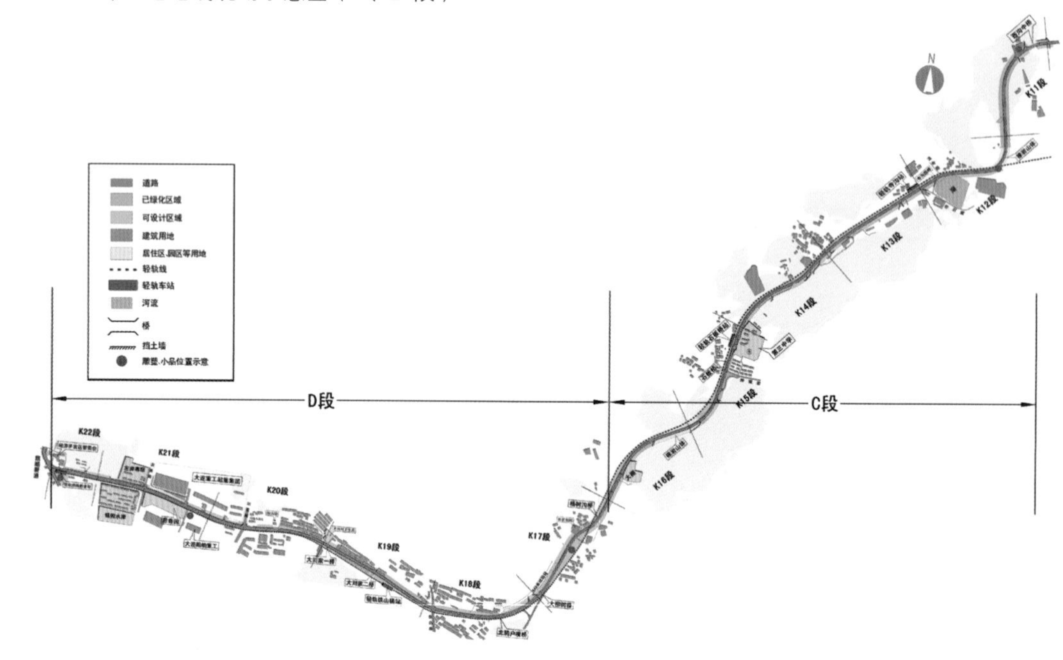

图 2-30　郭水路路线规划示意图（C、D 段）

（2）可设计面积约42万平方米。其中包括蓝湾居住区北侧路段、蓝山居住区南侧路段改造、高新园区路段改造、裸岩、挡土墙面积等。

第二部分：东起西沟中桥，西至旅顺新港（C、D 两段），里程 11.3 千米（图 2-30），其设计范围数据统计如下：

（1）不需要设计面积约18.8万平方米。其中包括绿化面积。

（2）可设计面积约49万平方米。其中包括裸岩延长路段、大兴路北侧居民建筑面积，还有湖泊、河道驳岸面积等。

3. 设计范围与内容

（1）项目设计范围：郭水路至马北路道路绿地景观设计的规划范围主要是东起郭家沟（旅顺南路与郭水路交叉口向东 500千米为设计起始点），西与旅顺新港相连，沿大连 202路轨延伸工程建设。道路宽 21.5千米，为国家一级公路。全段总长为 21.4千米，道路两侧 30米内为规划范围，（不考虑轻轨占地）规划总面积约为 128万平方米，其中不需要设计的范围约 37万平方米，其中包括已绿化面积约 16.7万平方米、区政府路段、河流桥梁等；需要设计的范围约 91万平方米（其中裸岩延长 1300米，面积约为 7.8万平方米）。

（2）项目设计内容：大连市旅顺口区郭水路至马北路道路景观规划的内容主要是对道路两侧的绿化带进行景观规划设计。包括道路景观的植物种植设计、坡地填、挖方测算及微地形设计、道路连接处广场景观设计、道路两侧挡土墙及山体裸岩处理设计等。

4. 规划设计依据和参考文件

《总图制图标准》（GB/T 50130-2001）、《城市用地分类与规划建设用地标准》（GBJ 137-1990）、《城市规划基本术语标准》（GB/T 50280-1998）、《城市绿地分类标准》（CJJ/T 85-2002）、《城市道路设计规范》（CJJ 37-1990）、《城市道路绿化规划与设计规范》（CJJ/T 75-1997）、《风景园林图例图示标准》（CJJ/T 91-2002）、《园林基本术语标准》（CJJ/T 91-2002）、《公路建设项目环境影响评价规范》（JTGB03-2006）。

甲方提供的相关图纸。

5. 道路空间设计

道路空间中的视觉特征包括人的视觉距离、人的动态视觉、人的色彩视觉三个方面。本方案设计主要考虑人乘坐不同交通工具时，如轻轨、货车、客车、轿车等，在不同高度和速度下的动态视觉。研究表明，当车速为40千米/小时，驾驶员的视野距离在前方 180米处，水平视角为 75° 左右，25米内的细节看不清楚。车速不同视野就变得不同，构成的景观序列也不同，而视角高度的差别也会使得道路景观在人的视线内呈现出不同的层次（图 2-31 至图 2-33）。

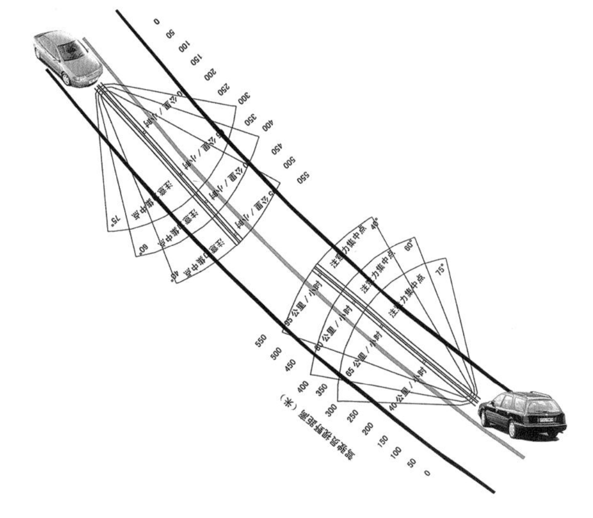

图 2-31　车行速度与视角的关系图示

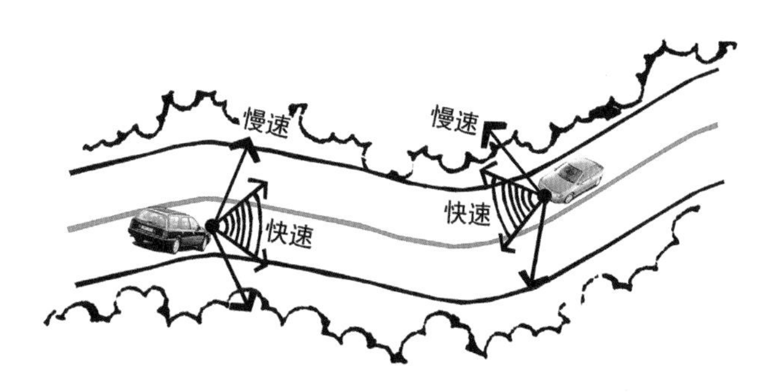

图 2-32　汽车行驶在道路转角处的视角图示

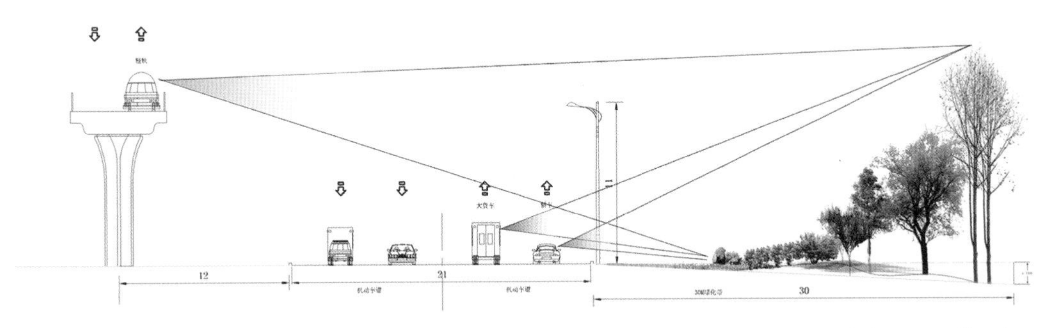

图 2-33　在不同高度和速度下的视觉分析图示

图 2-34 至图 2-45 分别是道路现状分析图、道路景观立面图、道路景观设计位置图及道路景观设计效果图。

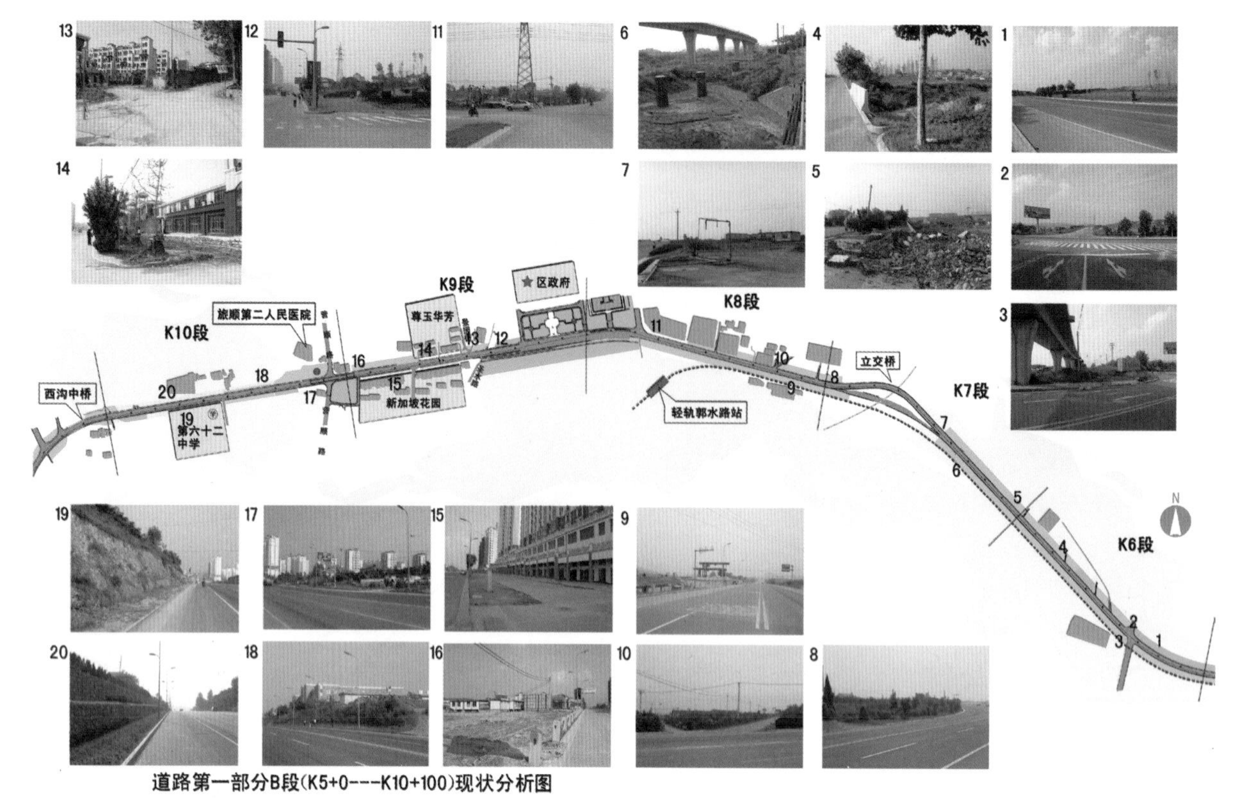

图 2-34　道路 A 段现状分析图

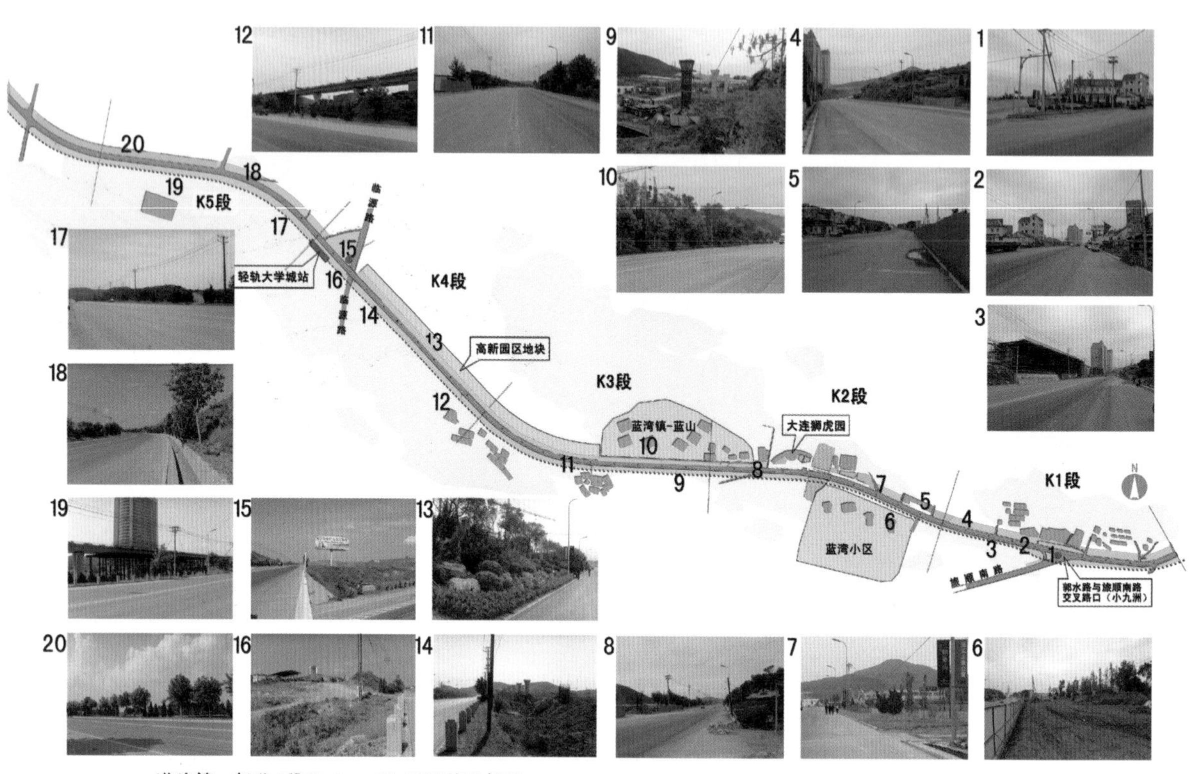

图 2-35　道路 B 段现状分析图

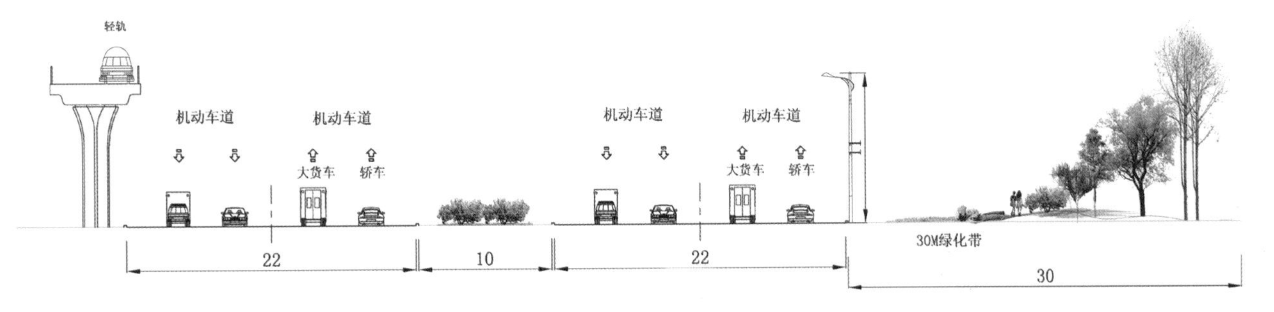

图 2-36　道路景观立面图 1

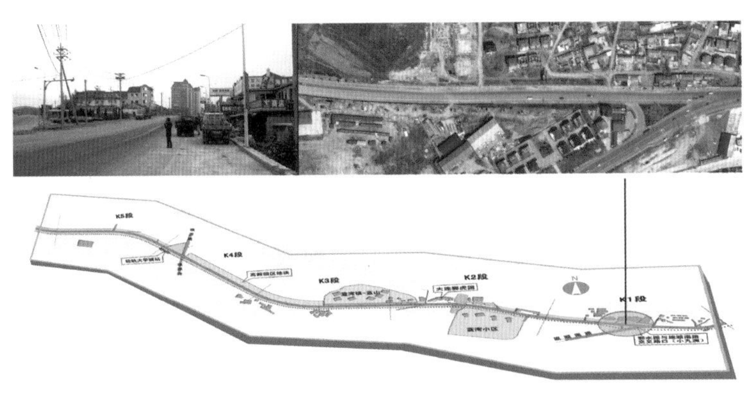

图 2-37　道路景观设计位置图 1

图 2-38　道路景观设计效果图 1

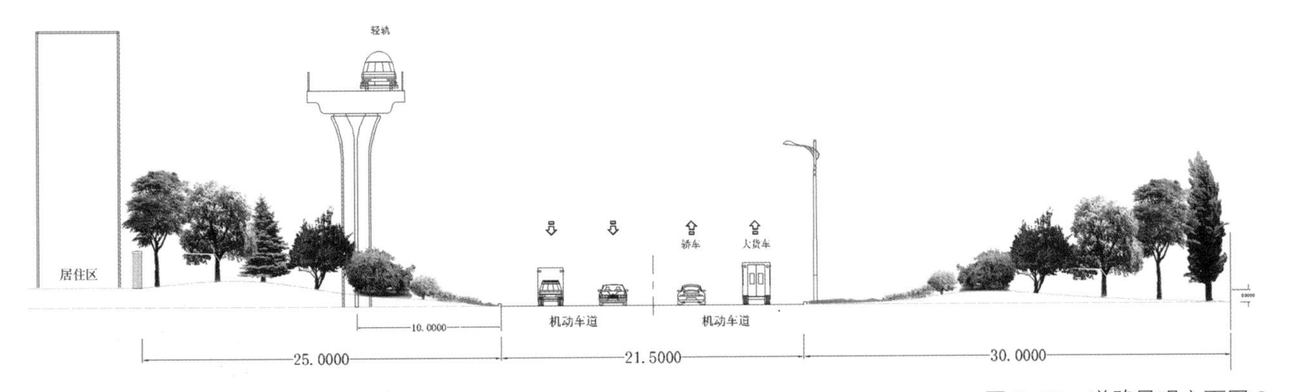

图 2-39　道路景观立面图 2

图 2-40　道路景观设计位置图 2

图 2-41　道路景观设计效果图 2

图 2-42 道路景观设计效果图 3

图 2-43 道路景观设计效果图 4

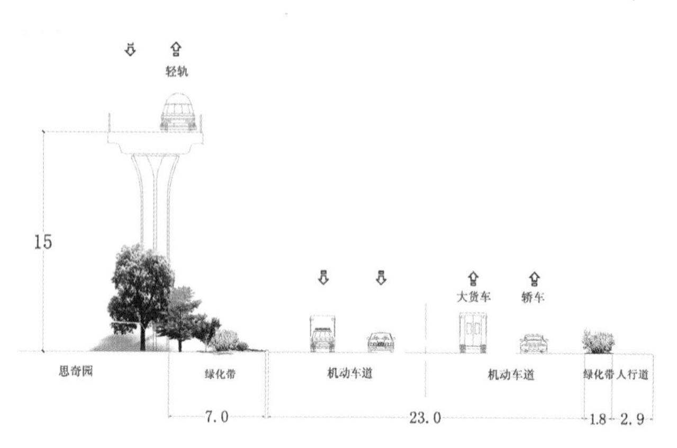

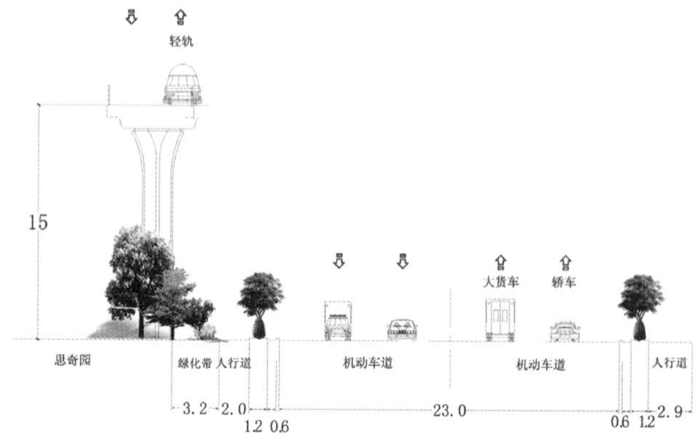

图 2-44 道路景观立面图 3

图 2-45 道路景观设计效果图 5

6. 植物选择

植物选择主要根据地形、坡度、土壤、周边环境条件、营造景观效果、便于粗放管理等进行道路景观植物配置（图 2-46）。同时还要根据植物本身的形状特征、耐性、植物季相变化等多方面因素进行选择。根据大连市旅顺口区的地理位置、气候条件、乡土植物资源等选择出郭水公路道路景观植物品种。

 丁香 Syringa wolfii Schneid	喜光，稍耐阴，耐寒具有独特的芳香、硕大繁茂之花序、优雅而调和的花色、丰满而秀丽的姿态。对二氧化硫及氟化氢等多种有毒气体，都有较强的抗性，丁香适应性强，管理比较粗放。	 红瑞木 Swida alba Opiz	性极耐寒、耐旱、耐修剪，喜光，喜较深厚湿润但肥沃疏松的土壤。枝干全年红色，秋叶鲜红，小果洁白，落叶后枝干红艳如珊瑚，是少有的观茎植物，也是良好的切枝材料。园林中多丛植草坪上或与常绿乔木相间种植，得红绿相映之效果。	 榆叶梅 Amygdalus triloba	耐寒、耐旱、喜光。对土壤的要求不严，但不耐水涝，喜中性至微碱性、肥沃、疏松的砂壤土。有较强的抗盐碱能力，北京园林中最宜大量应用，以反映春光明媚、花团锦簇的欣欣向荣景象。	 连翘 Forsythia suspensa	连翘的萌生能力强，喜光，有一定程度的耐荫性，耐寒，耐干旱极薄，怕涝，不择土壤，抗病虫害能力强。连翘早春先叶开花，花开香气淡艳，满枝金黄，艳丽可爱，是早春优良观花灌木，根系发达。
 珍珠梅 Sorbaria kirilowii Maxim	花期长，对多种有害细菌具有杀灭或抑制作用，适宜在各类园林绿地中种植。喜光又耐荫，耐寒，性强健，不择土壤。萌蘖性强、耐修剪，生长迅速。	 木槿 Hibiscus syriacus	性喜温凉、湿润、阳光充足的气候条件，喜肥沃的中性至微酸性土壤，较耐干旱，耐瘠薄，耐半荫蔽，忌涝，耐寒冷，木槿适应性强，粗生易长，栽培管理较易。	 金叶女贞 Ligustrum×vicaryi	适应性强，对土壤要求不严格，在我国长江以南及黄河流域等地的气候条件均能适应，生长良好。性喜光，稍耐阴，耐寒能力较强，冬季可以保持不落叶。它抗病力强，很少有病虫危害。	 紫叶小檗 Berberisthumbergiicv.atropurpurea	喜凉爽湿润环境，耐寒也耐旱，不耐水涝，喜阳也能耐阴，萌蘖性强，耐修剪，对各种土壤都能适应，在肥沃深厚排水良好的土壤中生长更佳。紫叶小檗春开黄花，秋缀红果，是叶、花、果俱美的观赏花木。
 砂地柏 Sabina vulgatis Ant.	耐旱、抗寒、适应性强，喜光也耐荫，对土壤要求不严，但怕积水涝洼。良好的地被植物，可密集栽植替代草坪，且改善生态环境的能力较草坪更强，栽培容易，管理简单，树姿美丽，冬夏常青，固沙保土效果明显。	 金山绣线菊 Jinshan spiraea	喜光，怕水涝，耐修剪，可作地被，栽植于向阳及排水良好之地。在肥沃的土壤中生长旺盛，耐寒性较强。生长快，易成型。花期长，观花期 5 个月。	 丰花月季 Rosa hybrida	花色丰富，花期长，耐寒性较强，耐粗放管理，喜温暖气候，较耐寒。丰花月季是一种十分喜阳的植物。	 八宝景天 Sedum spectabile Boreau	多年生肉质草本植物，株高30～50厘米。性喜强光和干燥、通风良好的环境，能耐－20℃的低温，喜排水良好的土壤，耐贫瘠和干旱，忌雨涝积水。植株强健，管理粗放。植株整齐，生长健壮，花开时似一片粉烟，群体效果极佳。
 鸢尾 Iris tectorum	多年生宿根性直立草本，高约30～50公分。春至初夏开花，总状花序1-2枝，每枝有花2～3朵。花期4～6月，果期6～8月。耐寒性较强。	 马蔺 Iris lacteal Pall. Var. chinensis (Fisch.) Koidz.	多年生草本植物，高10～45厘米，花期 5 月～6 月，果期7月～9月。根系发达，叶量丰富，对环境适应性强，长势旺盛，管理粗放，是节水、抗旱、抗水、抗寒、耐盐碱、耐贫瘠、抗杂草、抗病、虫、鼠害的地被植物。	 福禄考 Phlox drummondii Hook	多年生宿根草本植物，根茎半木质、茎粗壮直立，株高30至100厘米。花期5～6月。性喜温暖，稍耐寒，忌酷暑。在华北一带可冷床越冬。宜排水良好、疏松的壤土，不耐旱，忌涝。	 大花萱草 Hemerocallis middendorffii	百合科多年生草本。花期7～8月。耐寒性强，耐光线充足，又耐半荫，对土壤要求不严，但以腐殖质含量高、排水良好的湿润土壤为好。
 油松 Pinus tabulaeformis Carr	中国北方广大地区最主要的造林树种之一。适应性强，根系发达，树姿雄伟，枝叶繁茂，有良好的保持水土和美化环境的功能。为阳性树种，喜光、抗瘠薄、抗风，在土层深厚、排水良好的酸性、中性或钙质黄土上，－25℃的气温下均能生长。	 青扦云杉 Picea wilsonii Mast	耐阴、耐寒、耐全光、适应性强，在土壤湿润、深厚、排水良好的微酸性地带生长良好，也能适应微碱性土壤。青扦云杉为我国特有树种，树冠枝叶繁密，层次清晰，观赏价值较高，是一种极为优良的园林绿化观赏树种。	 华山松 Pinus armandii Franch	常绿乔木，喜温凉湿润气候。高大挺拔，针叶苍翠，冠形优美，生长迅速，是优良的绿化树种。喜温和凉爽、湿润气候，在其分布区北部。对二氧化硫抗性较强，能适应多种土壤，最宜深厚、湿润、疏松的中性或微酸性壤土。	 桧柏 Sabina chinensis	性喜光、耐荫，对土壤选择不严，对土壤的干旱及潮湿均有一定的抗性。对多种有害气体有一定的抗性，是针叶树中对二氧化硫、氯气和氟化氢抗性较强的树种。性耐修剪又有很强的耐阴性，下枝不易枯，冬季颜色不变，树形优美。
 毛白杨 Populus tomentosa Carr	生长快，树干通直挺拔，树形优美，适应性强，主根和侧根发达，枝叶茂密，优质，速生，丰产，防护林和行道河渠绿化的好树种。抗烟尘和抗污染能力强，强阳性树种。喜凉爽湿气候，对土壤要求不严，喜深厚肥沃、沙壤土，稍耐碱。	 臭椿 Ailanthusaltissima Swingle	适应性强，适生于深厚、肥沃、湿润的砂质土壤。耐寒，耐旱，深根性。对氯气抗性中等，对氟化氢及二氧化硫抗性强。生长快，根系深，萌芽力强，病虫害较少。速生，可作城市、工矿区和农村绿化树种。	 国槐 Flowerof Japanese Pagodatree	性耐寒，喜阳光，稍耐阴，不耐阴湿而抗旱，在低洼积水处生长不良，深根，对土壤要求不严，较耐瘠薄，病虫害不多，寿命长，耐烟毒能力强。又是防风固沙，用材及经济林兼用的树种，是城乡良好的遮荫树和行道树种。	 梓树 Catalpa ovata G. Don	喜光，稍耐阴，耐寒，深根性。喜深厚肥沃湿润土壤，能耐轻盐碱土。抗污染性较强。梓树树体端正，冠幅开展，叶大荫浓，春夏黄花满树，秋冬荚果悬挂，是具有一定观赏价值的树种。可作行道树、绿化树种。
 香花槐 Robinia pseudoacaciacv idaho	花粉红色，有浓郁芳香，花朵大、花形美、花量多、花期长。叶繁枝茂，树冠开阔，树干笔直，树景壮观，观赏性强。耐寒、耐旱、抗高温、抗病虫，耐瘠薄、耐盐碱，对土壤要求不严。主侧根十分发达，萌芽性强，生长快。	 京桃 Prunus persica f. rubro-plena	阳性喜光，耐寒耐旱，是观花观果的优良树种，由于京桃在东北地区是开花较早的乔木树种，并且到了冬季树皮红色光亮，被广泛地应用于园林绿化之中。	 紫叶李 Prunus ceraifera cv. Pissardii	对土壤适应性强，以沙砾土为好，黏质土亦能生长，根系较浅，萌生力较强。喜阳光，喜温暖湿润气候，有一定的抗旱能力。对土壤适应性强，不耐干旱，较耐水湿。整个生长季叶都为紫红色。	 山杏 Siberian Apricot	喜光，耐寒，耐旱，耐高温，对土壤要求不严，可在轻盐碱地上种植。早春开花，繁茂美观，宜群植、林植于山坡、水畔。宜做大面积造林树种。
 碧桃 Flowering peach	喜光，耐旱，耐高温，较耐寒，畏涝怕碱，喜排水良好的沙壤土，在园林中因花色艳丽，树形较大，观赏效果好，为春季不可缺少的观花树木。	 紫薇 Crape myrtle	树姿优美，树干光滑洁净，花色艳丽。开花时正当夏秋少花季节，花期极长，由 6 月可开至 9 月，喜光，稍耐阴，喜温暖气候，耐寒性不强，喜肥沃、湿润而排水良好的石灰性土壤，耐旱，怕涝。萌芽性强，生长较慢，寿命长。	 金叶榆 Ulmus pumila cv.jinye	生长迅速，耐修剪，造型丰富。既可培育为黄色乔木，做为园林风景树，又可培育成黄色灌木及高桩金球，广泛应用于绿篱、色带、拼图、造型。根系发达，耐贫瘠，水土保持能力强。耐寒、耐旱，有很强的抗盐碱性，在沿海地区可广泛应用。	 美洲槭 Acer negundo	喜半荫、耐旱、耐寒、喜排水良好的土壤。新叶亮桃红色，老叶红粉色、白色相间、叶子柔软下垂。观赏价值高，孤植、群植俱美，也可植于花坛、草坪中。能吸收大气中苯、醛、酮、醇、醚等。

图 2-46 植物选择图示

（三）设计知识点

1. 城市道路的功能

城市道路是城市构成的骨架，又是城市空间中各种不同空间类型进行连接和沟通的通道，因此城市道路既有交通功能又有空间划分的功能。

2. 城市道路绿地布置形式

（1）一板一带式（图2-47）。

（2）一板二带式（图2-48）。

（3）二板三带式（图2-49）。

（4）三板四带式（图2-50）。

（5）四板五带式（图2-51、图2-52）。

3. 城市道路的划分

按照现代城市交通工具和交通流的特点进行道路功能分类，城市道路分为：高速干道、快速干道、交通干道、区干道、支路、专用道路等。

根据城市街道的景观特征划分：城市交通性街道、城市生活性街道（包括巷道和胡同等）、城市步行商业街道、城市其他步行空间等类型。

4. 城市道路景观构成

主要是指道路地上部分视觉范围内的可视元素构成的景观。道路两侧建筑风格、道路两侧路牌等附属物、行道树和公共设施、道路远处的城市天际线等都是构

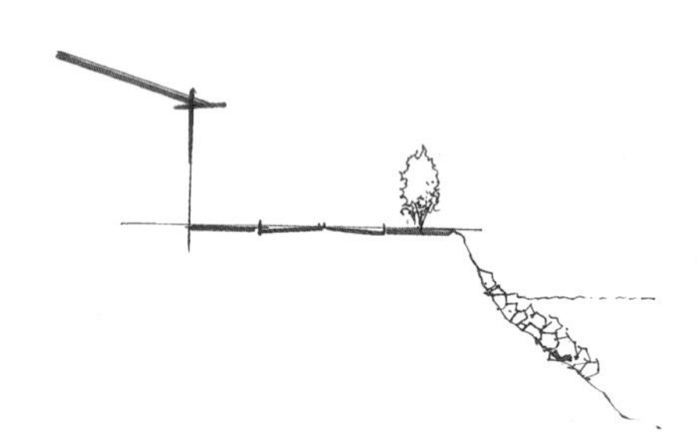

图 2-47　一板一带式

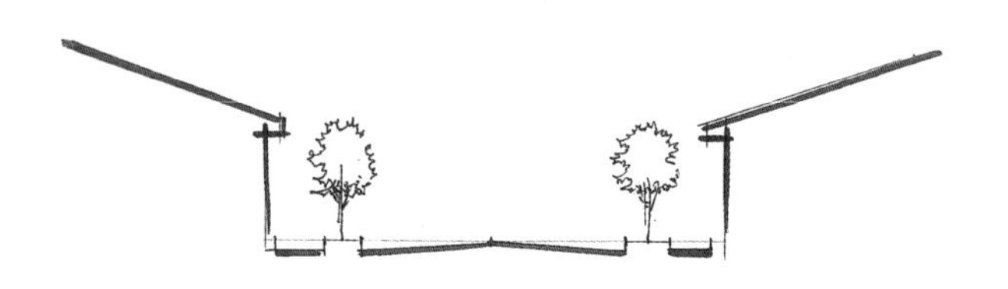

图 2-48　一板二带式

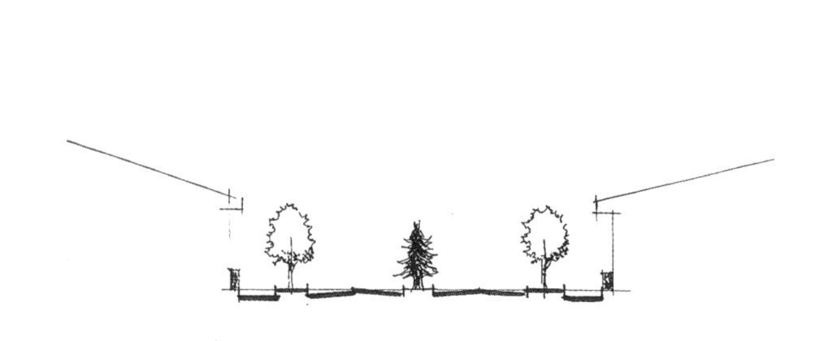

图 2-49　二板三带式

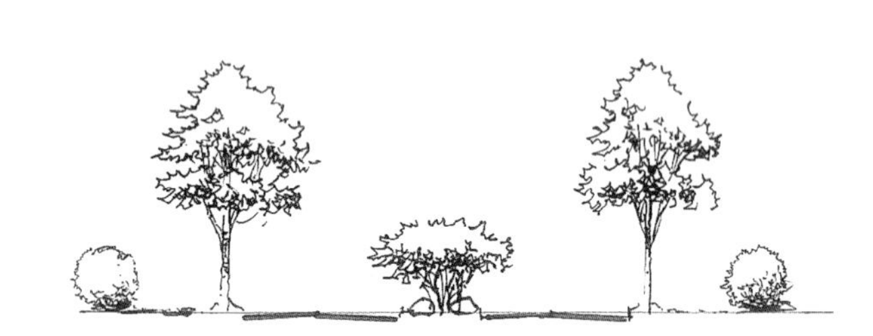

图 2-50　三板四带式

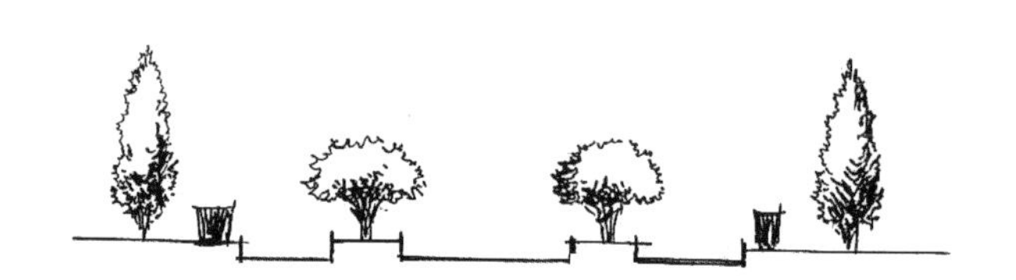

图 2-51　四板五带式

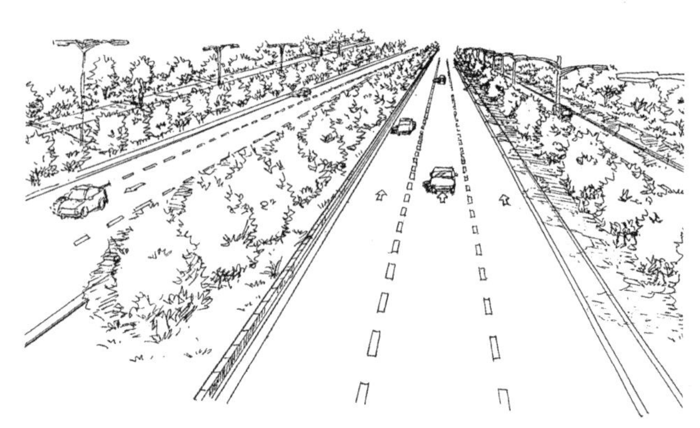

图 2-52　四板五带道路示意图

成城市道路景观的重要元素（图 2-53）。

5. 道路景观设计要点

（1）空间构成　做道路景观设计必须对道路两侧的空间构成进行翔实的分析，分析道路两侧空间构成要素及人的活动类型，找出主要限制因素和满足人群对空间的主要需求，才能用相应的设计元素来进行设计（图2-54）。

（2）植物配置模式　道路两侧绿地植物配置模式目前比较认同的就是行道树 + 人行步道的模式。随着城市化进程的发展，一些城市新城区道路规划较宽，道路两侧的植物配置模式有了很大的变化。有的为了生态和人行活动方便等需求，人行道位置发生了变化，由原来的紧挨汽车行车道变化成为汽车行车道 + 绿地 + 人行道 + 绿地的模式。

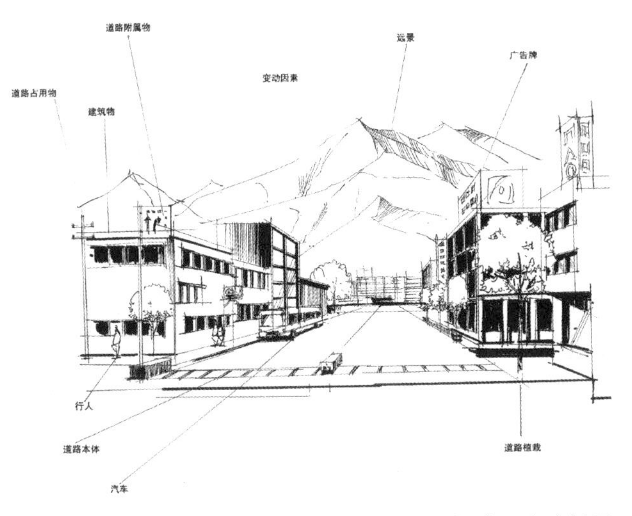

图 2-53　道路景观构成元素分析图

道路景观植物配置模式必须要考虑如何形成道路的线性景观，做到乔灌草相结合（图 2-55）。

（四）项目认知实践

任务一：对考察的景观场地分析与测量

老师可以安排学生对有代表性的城市中心场景或新建成的道路进行实地现场考察和测量，让学生对现实道路空间尺寸和城市中心场景的空间有准确的认识，对道路周边土地现状存在的问题有真实地了解，为下一步设计做好准备。

任务二：对考察项目背景资料收集和整理

安排学生对城市中心场景或新建成的道路两侧周围区域环境进行背景、历史、人文考察。考察到的资料为设计思路和理念做好准备。

任务三：提出设计理念和概念草图

学生根据对城市中心场景或道路的现场考察和测量，加上场地周围现在环境现状和历史背景、人文资料的

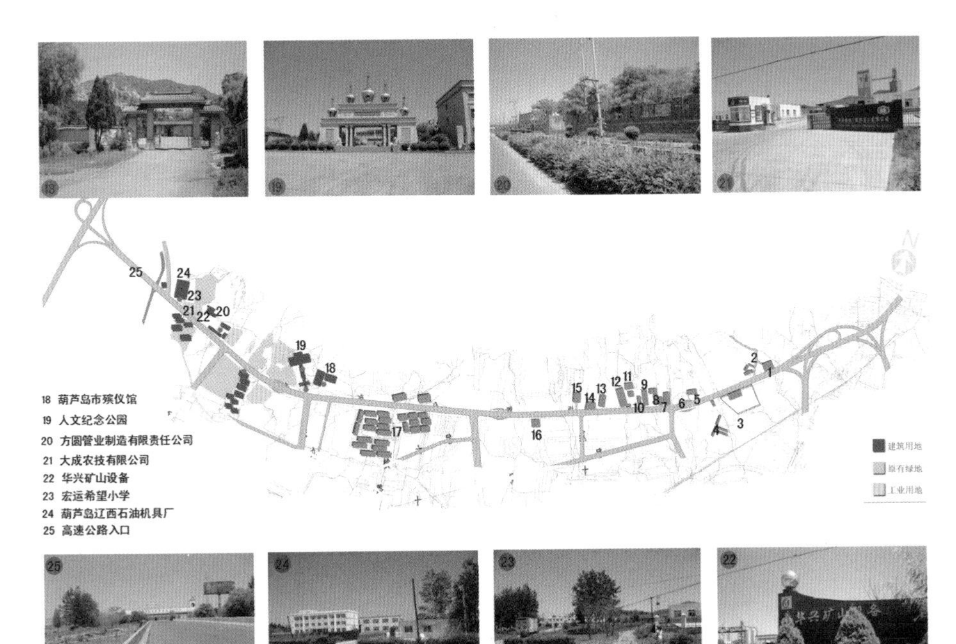

图 2-54　道路现状分析图示

图 2-55　某道路植物景观

收集，根据甲方需要开始制定详细的设计思想和理念，学生通过手绘把对城市中心场景或道路两侧设计的初步设计想法布置设计出来。

任务四：设计与效果表现
在学生与老师共同探讨下，制订出详细的设计方案后，学生通过手绘表现或电脑制图，把城市中心场景或道路设计方案详细完整地制作出来。

任务五：与甲方和客户进行方案汇报和修改
学生们把城市中心场景或道路设计的前期方案整理好，包括理念设计文字和效果图，向甲方或老师进行设计方案汇报讲解，这个过程由学生独立完成。自我设计方案的想法汇报，对学生设计语言表达能力培养和训练至关重要。学生通过汇报设计，甲方或老师提出设计上的不足和缺陷，学生进一步完善修改。

任务六：完成设计作品和排版展示
经过向甲方汇报、修改多次后，学生们的城市中心场景设计作品或道路设计作品已经步入成熟，功能合理，具备艺术感，甲方或老师最终满意通过，学生把自己的设计作品在 A1 图纸上排版，出图样后学生们统一进行设计作业展示，让学生了解城市中心场景设计或道路设计方案和设计特点，互相学习（图 2-56）。

（五）实训作业
1. 设计主题
某市商业街道路景观设计

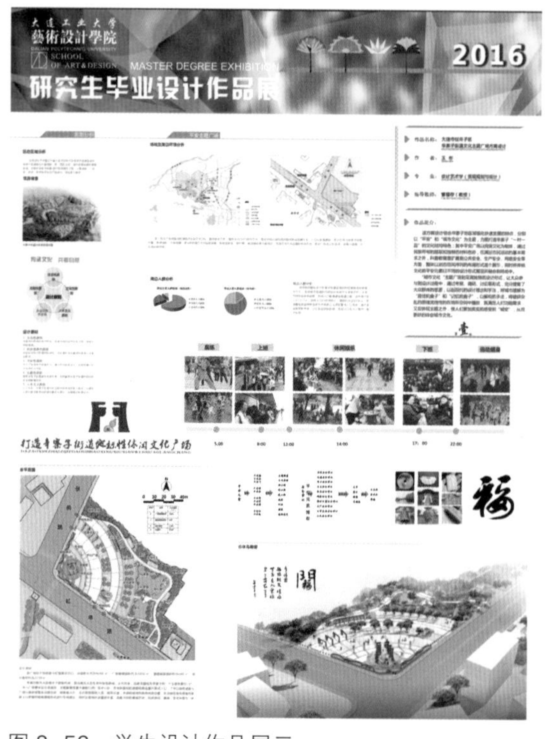

图 2-56　学生设计作品展示

2. 设计图解

北方某城市某商场周边道路环境如图 2-57 所示，基地内地势平坦，道路规划已定，商业街宽 4 米，商场建筑 2 层到 6 层呈阶梯状，现代风格，灰色花岗岩外观。商铺建筑为 3 层，灰白色花岗岩外观，设计范围如图中红色虚线所示。请根据要求对该场地进行景观规划设计。

3. 设计要求

（1）设计符合场地内建筑与环境特征与文脉。

（2）解决好场地人流与车流的关系。

（3）制图规范，各类图纸能清楚表达设计意图。

（4）所有图纸在2张A2图纸上完成。

（5）所有设计成果要求非铅笔完成（彩色铅笔表现效果除外），表现形式不限。

4. 图纸要求

（1）规划设计总平面图（彩色，比例1：500），要求表达清楚空间布局以及植物规划情况。

（2）功能分析图（比例1：800）。

（3）横、纵剖面图各1张，共2张（比例1：500）。

（4）局部效果图2张（彩色），每幅效果图图幅不小于A4图纸大小。

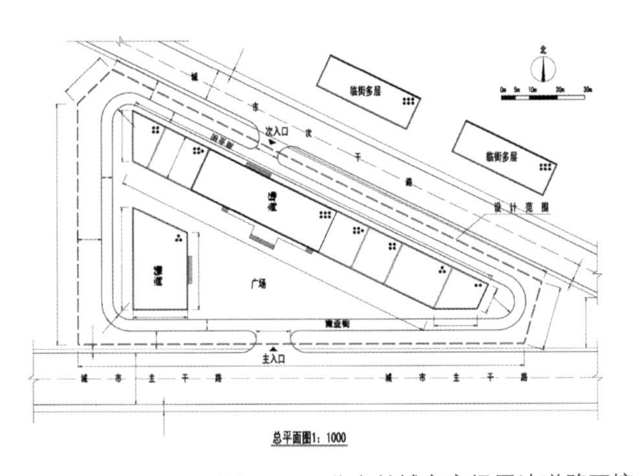

图 2-57 北方某城市商场周边道路环境

（5）设计说明不少于200字，对规划构思立意、景观节点布局、结构与交通等简要说明。

三、实训项目二：居住区景观设计

（一）课程要求

居住空间是人们重要的生活空间，随着国家经济建设的发展和人们生活水平的提高，对居住空间景观设计的要求越来越高，尤其目前的文化多元化融合、景观设计的多学科交叉，使得目前的居住景观设计风格多样化、中西结合，如何在居住区景观设计中体现民族特色、地域文化，从而使居民找到“家”的感觉就显得日益重要。

对居住区景观设计的典型案例分析，了解居住区景观设计的风格、设计元素、设计图纸深度要求，然后通过项目认知实践及实训作业检验学生掌握知识水平，强化学生实践设计能力。

1. 训练目的

通过对两个居住区景观设计案例的分析，使学生了解居住区景观设计要素、设计内容、设计方法、步骤和设计要点，进而能尝试进行居住区景观设计。

2. 训练重点

本次项目实训重点在于让学生掌握居住区景观设计的步骤以及局部空间的设计表达。

3. 学习难点

居住区景观设计的难点在于居住区景观设计特点应该与建筑风格相协调，营造有特色的居住空间。

4. 项目认知实践

在案例分析基础上，由老师带领学生对某一在建居住区进行实地考察，现场讲解。

学生在老师指导下完成某一居住区景观设计，掌握设计流程和设计要点。

5. 实训作业

时间要求：作业根据设定难度，建议学生用一周时间来完成。

深度要求：构思草图、总平面图、设计说明、立面图、局部效果图若干张。

（二）设计案例

案例一：苏州中航樾园内庭院设计

1. 项目概况

项目位于江苏省苏州市木渎镇，西邻寿桃湖路，东临金山路，南侧为玉山路，北侧为城市拟规划道路。项目由张唐景观设计事务所设计完成，分为北部售楼处区域和南侧休闲活动区域两部分。场地现状有一个高约 8 米的小山丘，场地内售楼中心依丘而建，整个场地的西侧沿街面正对天平山风景区。

2. 设计理念

场地中建筑设计融入“蚀”的概念，源于苏州太湖石因水和时间的侵蚀，形成其独特的形态。景观设计延续建筑设计的概念，用现代手法诠释苏州古典园林的意境，把古代“溪”“池”“泉”“林”等元素用现代手法表现出来。并通过水景表达时间主题，用一种独特的方式来叙述时间与流水在石材上留下的痕迹。

3. 方案设计

项目中的景观节点分为沿街区域、主庭院、后山核心区，借鉴苏州古典园林中的景点设计，与古为新，古为今用。主庭院分为水院和溪院两部分（图 2-58）。

设计中借用古典园林中的“曲水流觞”融入到溪院中，由水台流下的水缓缓地流经溪院的曲水流觞，水流动过程中会侵蚀地面，留下水的印记，最后注入到水院中（图 2-59）。水院约 35 米 ×15 米见方，以池塘为主，水面与建筑交相呼应（图 2-60）。水院中的叠石交叠在一起，形成入口的对景雕塑，植物在叠石后作为背景，构成了丰富的景致（图 2-61）。

后山核心区设计有戏水池、互动水景、草坪、滑梯、泳池、音乐秋千、瞭望塔。其中戏水池中有浅水池、阿基米德取水器、喷水枪，形成了一个小的水系统（图 2-62），吸引小朋友在这里玩耍。互动水景中的脚踏车通过人力发电（图 2-63），由电能转化为喷水装置的势能，喷出喷泉，这体现出设计师注重人和场地的互动性，同时设计师根据场地的地形设计出儿童攀岩墙，每一处设计都融入了设计师的智慧。音乐秋千是利用自体势能带动秋千摇动，并触及秋千上的音乐元件，在荡秋千的同时发出美妙的音乐。瞭望塔位于全园的制高点，塔高 7 米，塔身延续建筑的形态，呈几何镂空状图形，通过瞭望塔可以看到园内园外的景致。

4. 室外家具设计

项目中的室外家具是由张唐艺术工作室制作完成，座椅、树池等造型优雅、做工精致，排布方式比较多样，可以灵活地运用到各类型的空间中（图 2-64）。

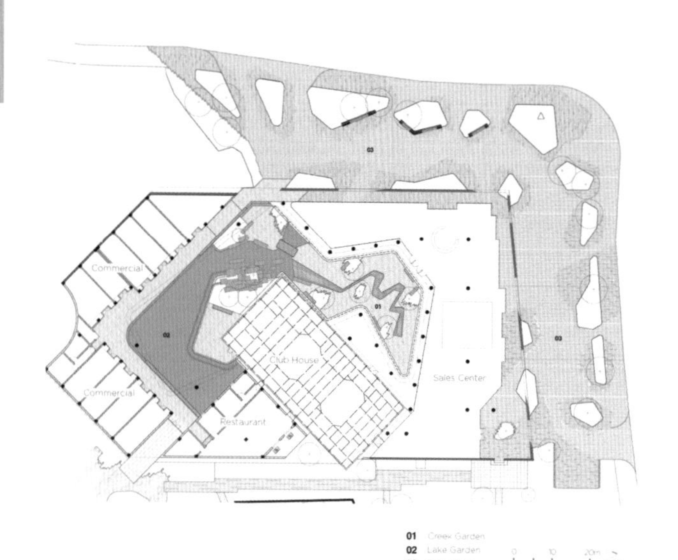

图 2-58　主庭院平面图

图 2-59　溪院曲水流觞

图 2-60　水院

图 2-61　水院叠石雕塑

图 2-62　戏水池

图 2-63　互动水景脚踏车

图 2-64　室外座椅和树池

5. 铺装设计

项目的地面铺装用芝麻白、两种灰度的芝麻灰和福鼎黑四类石材穿插铺设，形式、颜色的选择上与建筑语言相一致。园路铺装材料选择透水混凝土，透水性良好，保持生态平衡。场地中音乐秋千活动区域铺装采用塑胶材料，具有很好的防滑耐磨性，同时鲜艳的色彩可以吸引人来玩耍。

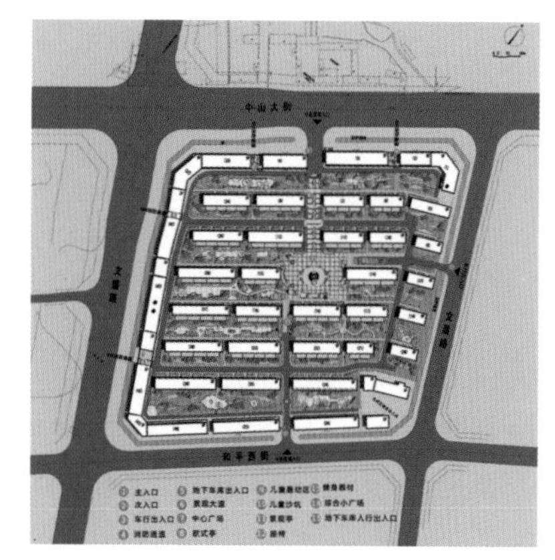
图 2-65　西城华府总平面图

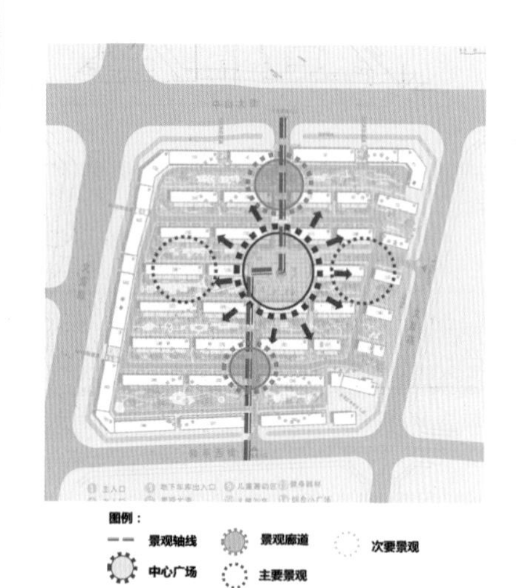

图 2-66　景观轴线设计图

图 2-67　道路设计图

案例二：朝阳市“西城华府”居住区景观设计

1. 项目概况

此为学生参与设计的项目，2013 年由大连工大艺术设计研究院有限公司设计，场地处于“交通无障碍，繁华不远离”的核心商业圈，周围商业、教育、医疗设施完备。居住区以新古典式建筑理念打造精品住宅，总建筑面积为 18 万平方米。居住区有 40% 绿化率的中央公园以及 6000 平方米的中心广场，整个居住区打造为新古典式风景园林，走进小区，享受自然。

2. 方案设计

该居住区空间景观设计依据朝阳市的自然条件和人文条件，采用五个特色花坛形成一条中心景观轴线延伸至中心广场，把视线直接引导向广场中心的罗马亭；以石头、钢材、玻璃材质为主，局部点缀红色标识牌，使其具有特色的同时，增加了小区内部的可识别性（图 2-65）。

3. 景观轴线设计

项目以一轴、一心、多个节点为设计依据，打造朝阳特色居住新地标（图 2-66）。一轴以五个特色花坛为轴线，以特色 logo 墙为轴线的起始点；北入口景观道两侧以行道树、彩叶树种为主要构景元素。一心是以中心广场的罗马亭为中心，不锈钢花架、两侧廊架作为衬托，以广场为中心辐射周边楼间绿地的场所设计，每个楼间绿地均以中心广场为中心展开。主要景观节点为中心广场四周的宅间绿地；次要景观节点为其他楼间的小型活动空间，每个楼间的场所设计均有变化，部分楼间结合活动空间及微地形设计。

4. 道路设计

西城华府小区的路网系统分为二级：一级道路为车行路，二级道路为人行路（图 2-67）。车行路临近外侧住宅的四周，人车分流，保证居民的安全，同时又给住区内部一个安静舒适的生活环境，减少汽车带来的噪声和排放的尾气。人行路贯穿于整个小区的各个角落，便于人们在小区内活动和散步，为人们的健康生活提供了保证。

5. 局部方案设计

景观大道设计：

景观大道全长 88 米，面积为 1300 平方米，由五组花坛组成一条笔直的视觉轴线，花坛内的植物配置以花卉、灌木，色彩艳丽（图 2-68、图 2-69）；花坛四周也具有休憩功能，供人们聊天、休闲。

中心广场设计：
中心广场面积约为3500平方米，作为整个居住区的主要形象区，是集娱乐、休闲、健身于一体的广场空间。广场上的金属伞架起到了画龙点睛的作用，节假日时可以挂上花灯，平日可以攀爬绿色植物，富有生气（图2-70、图2-71）。

宅间绿地设计：
宅间绿地设计主要以活动空间、休憩空间为主，能够满足居民的观赏及活动需求，设计有小品、座椅、廊架、满铺花卉（图2-72），同时搭配灌木置石，为居民打造舒适的生活环境。

儿童游乐区设计：
该宅间设计突出儿童活动空间和休闲空间，儿童活动场地设置有儿童游乐器械，在其对面设计了休憩区域，方便家长们看护孩童（图2-73）。休憩区域以绿篱和花钵围合空间，打造绿色的儿童活动空间，铺装为米奇形状的塑胶地面。

6. 专项设计
指示牌：
该小区的标识系统设计与小区整体风格相一致，采用欧式铁艺工艺，以红色和灰色为主要颜色。指示牌设置在居住区园路一侧或单元门入口前，起到指示提示作用。草坪内放置草坪指示牌警示居民爱护花草（图2-74）。

花坛：
花坛设计为三种移动花坛（图2-75），种植花卉色彩鲜艳，突出欢快明朗的气氛，为小区住户的生活带来活力，渲染了整个小区的欢快氛围；移动花坛最大

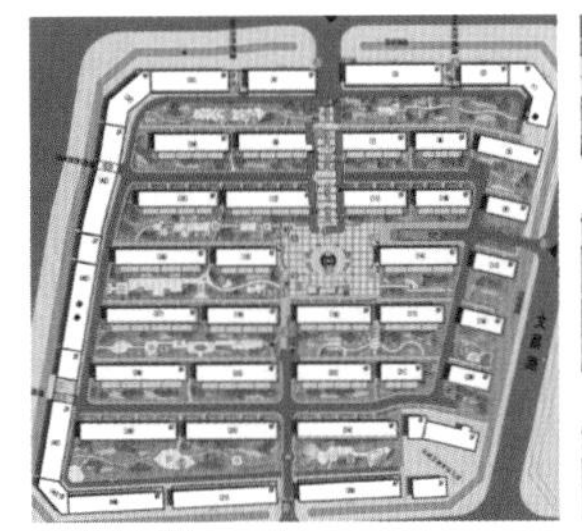
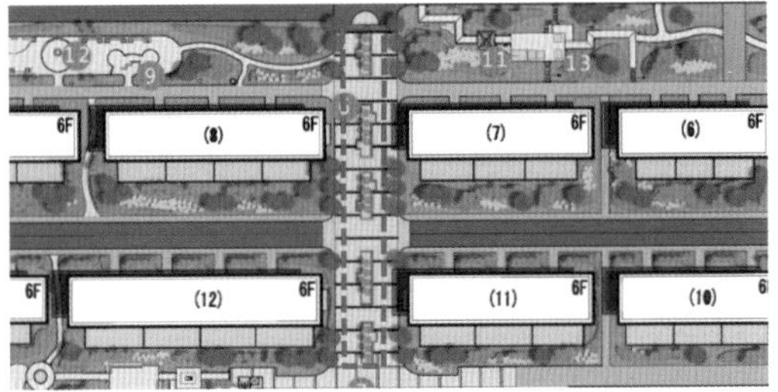

图2-68 景观大道平面图

图2-69 景观大道效果图

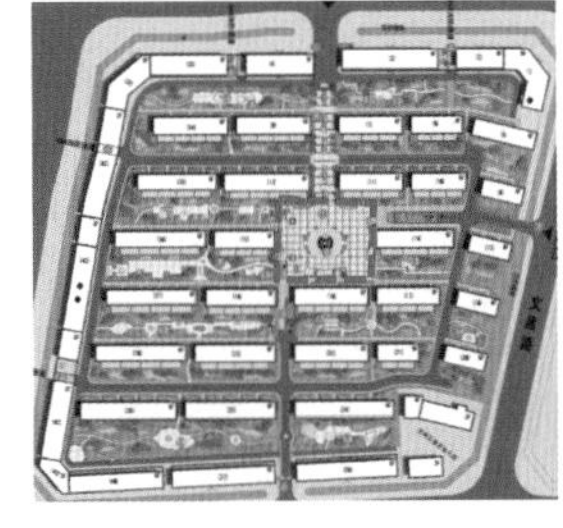
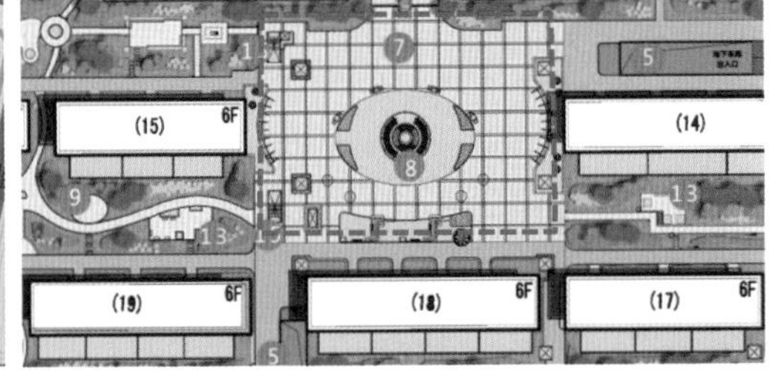

图2-70 中心广场平面图

图2-71 中心广场效果图

图2-72 宅间绿地效果图

图2-73 儿童游乐区效果图

图 2-74 指示牌设计

图 2-75 花坛设计

乔木

国槐

国槐，蝶形花亚科，槐属，落叶乔木，干皮暗灰色，小枝绿色，皮孔明显。性耐寒，喜阳光，稍耐阴，不耐阴湿而抗旱，较耐瘠薄，石灰及轻度盐碱地上也能正常生长。寿命长，耐烟毒能力强，甚至在山区缺水的地方都可以成活的很好。

灌木

京桃

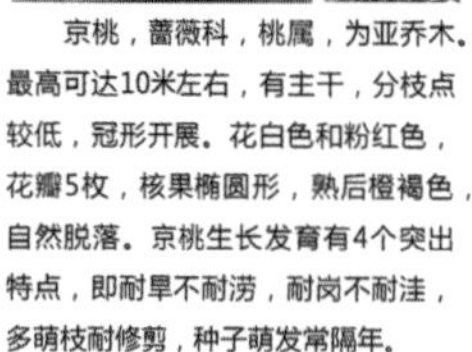

京桃，蔷薇科，桃属，为亚乔木。最高可达10米左右，有主干，分枝点较低，冠形开展。花白色和粉红色，花瓣5枚，核果椭圆形，熟后橙褐色，自然脱落。京桃生长发育有4个突出特点，即耐旱不耐涝，耐岗不耐洼，多萌枝耐修剪，种子萌发常隔年。

山楂

山楂，蔷薇科，山楂属，落叶小乔木。枝密生，有细刺，幼枝有柔毛。花期5～6月，果期9～10月。山楂为浅根性树种，主根不发达，但生长能力强，在瘠薄山地也能生长。根系的水平分布范围，约为树冠的2～3倍。

金叶榆

金叶榆，榆科榆属，系白榆变种。叶片金黄色，有自然光泽，色泽艳丽，叶脉清晰，质感好；叶卵圆形，平均长3~5厘米，宽2~3厘米，比普通白榆叶片稍短；叶缘具锯齿，叶尖渐尖，互生于枝条上。金叶榆的树冠更丰满，造型更丰富。

丁香

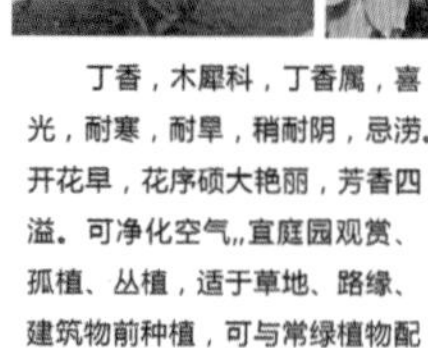

丁香，木犀科，丁香属，喜光，耐寒，耐旱，稍耐阴，忌涝。开花早，花序硕大艳丽，芳香四溢。可净化空气，宜庭园观赏、孤植、丛植，适于草地、路缘、建筑物前种植，可与常绿植物配植。

榆叶梅

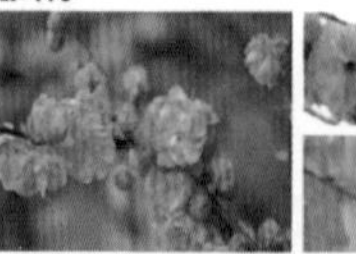

榆叶梅，蔷薇科，李属，枝细小光滑，于红褐色，花初开多为深红，渐渐变为粉红色，最后变为粉白色。花期为3~4月。5月结果，红色，球形，也很美观。喜光，耐寒，耐旱，对土壤要求不高，不耐水涝。

黄刺玫

黄刺玫，蔷薇科，蔷薇属，喜光，稍耐阴，耐寒力强。耐干旱和贫瘠，不耐水涝。对土壤要求不严，在碱性土地也能生长。春末夏初的重要观赏花木。对二氧化硫和氯化氢抗性较强。宜庭园观赏，孤植、丛植，花篱。

红瑞木

红瑞木，山茱萸科，来木属，喜光，喜较深厚、湿润、肥沃、疏松的土壤，极耐寒，耐旱，耐湿，耐修剪。观茎植物，秋叶鲜红，小果洁白，落叶后枝干红颜如珊瑚。宜庭院观赏，孤植、丛植，适于草坪、林缘、河边种植。

连翘

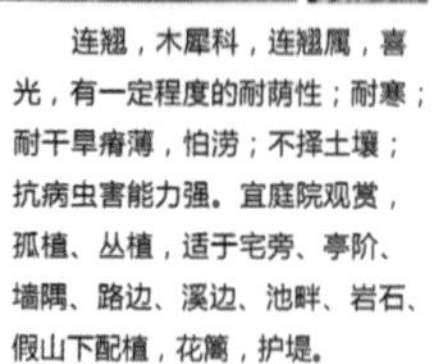

连翘，木犀科，连翘属，喜光，有一定程度的耐荫性；耐寒；耐干旱瘠薄，怕涝；不择土壤；抗病虫害能力强。宜庭院观赏，孤植、丛植，适于宅旁、亭阶、墙隅、路边、溪边、池畔、岩石、假山下配植，花篱，护堤。

花卉

丰花月季

丰花月季，蔷薇科，蔷薇属，多年生草本，花朵紧密、自然成型，喜光，耐寒性较强。

金山绣线菊

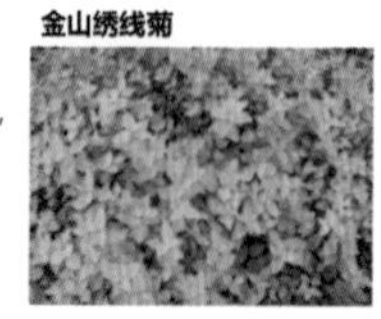

金山绣线菊，喜光照及温暖湿润的气候，在肥沃的土壤中生长旺盛，耐寒性较强。生长快，易成型。

八宝景天

八宝景天，植株整齐，生长健壮，花开时似一片粉烟，群体效果极佳，是布置花坛、花境和点缀草坪的好材料。

马莲

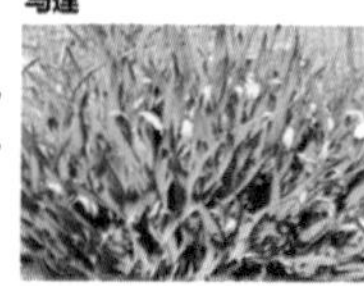

马兰属多年生草本植物，密丛生，根系茎粗短，须根长而坚硬。

图 2-76 植物选择图示

的特点是其灵活性，可以根据需要随时随地组合，增加了小区的灵动性和生命力。

围栏：
庭院围栏设计从居民需求和美观考虑，用毛石堆砌基座，栏杆材质提供两种方案，分别为铁艺材质和PVC 材质，经久耐用，同时色彩上采用白色，使整个小区环境比较整洁、美观。

灯具：
该小区的庭院灯和草坪灯采用欧式风格，设计上注重曲线造型，以黑漆为主，营造出仿古做旧的效果。

7. 植物选择
在居住区的植物配置上，主要选择适合当地气候的乡土树种，同时选择抗寒性强的树种进行园林景观绿化设计。充分考虑了植物在不同季节的表现，包括春夏的花期选择、秋季的色彩搭配以及冬季观赏的植物运用（图 2-76）。

（三）设计知识点

1. 居住区景观环境构成
居住区景观环境构成主要分成主观和客观两部分。主观方面指居住区的地域人文环境、人员组成结构、住户行为心理等；客观方面包括建筑类型及其空间布局、道路、公共服务设施、绿地和地下空间等。其中公共设施包括座椅、老幼设施、健身设施、无障碍设计、灯光设施、宣传栏等；居住区绿地的美化包括树种选择、种植密度、修剪造型、花草和草坪面积、道路绿化、入口绿化、停车场绿化等；居住区小品景观设计主要包括建筑小品（休息亭、书报亭、亭廊、门卫等）、装饰性小品（雕塑、花架、喷水池、壁画、花盆、散置石等）、公用设施小品（电话亭、自行车棚、垃圾箱、各类指示标牌等）、市政设施小品（水泵房、变电站、消防栓、灯柱、灯具等）、工程设施小品（斜坡和护坡、地面铺装，景墙、景桥、假山、堤岸、挡土墙等）几部分内容（图2-77至图2-82）。

2. 居住区景观设计影响因素分析

居住区景观设计受自然因素的限定、人文因素的深层作用以及环境、行为和心理综合因素的影响。

3. 居住区景观设计的总体布局要点

为了创造出具有高品质和丰富美学内涵的居住区景观，在进行居住区环境景观设计时，硬软景观都要注意美学风格和文化内涵的统一。在居住区规划设计之初即对居住区整体风格进行策划与构思，对居住区的环境景观作专题研究，提出景观的概念规划，这样从一开始就把握住硬质景观的设计要点。在具体的设计过程之中，景观设计师、建筑工程师、开发商要经常进行沟通和协调，使景观设计的风格能融化在居住区整体设计之中。因此，景观设计的总体布局和风格的确定应是开发商、建筑师、景观设计师和城市居民四方共同沟通后确定的结果。

4. 居住区景观设计的主要内容

设计包括入口景观、中心绿地、组团绿地、道路景观、楼间绿地、围墙设计等（图2-83、图2-84）。

小区道路景观：居住区的道路景观非常重要，是贯穿居住区各楼间的主要交通和观赏路线。

小区道路的铺装材料选择、道路两侧空间营造、道路两侧植物种植设计等都要做统筹安排。居住区绿化软景设计和苗木配置，需要依据项目整体建筑规划及景观规划设计，强调景观绿化与项目整体理念、产品定位和建筑风格的协调。注重景观风格、空间及满足功能性。

小区内的道路景观要注意排水设计，道路绿地摆设的小品要和居住区的建筑风格一致（图2-85、图2-86）。

小区内道路景观要注意光照问题，尤其在北方，更要考虑一楼的采光问题。植物种植设计不宜多栽植大乔木，适当做到小乔木、灌木和宿根花卉相结合。形成整齐、饱满、层次分明的道路绿化色带效果。

小区内的道路景观要注重道路形式设计和植物设计，植物要考虑色彩变换以及季节的变化。尽量种植一些彩叶树种，丰富视觉效果。道路也采取自然曲线形式布局，道路两侧不设计路边石，看起来舒适自然。有

图2-77　居住区绿化

图2-78　居住区水景

图2-79　居住区构筑物

图2-80　居住区装饰小品

图2-81　居住区花池

图2-82　居住区儿童活动区

图2-83　居住区入口景观

图2-84　居住区水景观

图 2-85　居住区道路景观 1

图 2-86　居住区道路景观 2

图 2-87　居住区植物景观 1

图 2-88　居住区植物景观 2

图 2-89　某庭院植物景观

图 2-90　居住区植物群植景观

时用条石铺装效果会更好。

消防车道为住宅小区中庭隐形消防车道，道路和色块弯曲流畅的线形及节点绿化色块，形成自然式园林的小区庭院环境。必须注意在前期施工中依据景观平面图路网线形布置绿地微地形来进行道路路基放样，以避免硬化路基影响苗木定位和种植效果。

5. 植物种植设计要点

在现代居住区景观植物种植设计中，为了更好地营造舒适、优美的居住区景观环境，必须注重树种选择和植物搭配。可以从以下几方面考虑：首先，要考虑尽可能保留原有植物；其次，要使平面植物配置与空间环境相结合，使景观“立面”层次感更加清晰丰富；植物种植设计必须考虑植物生长习性，必须考虑树种选择的适应性，也就是从当地选乡土树种，管理粗放，成活率高，有地方特色；要充分考虑植物的季相变化进行配置，尽量做到乔灌草相结合，形成多层次植物景观，采用常绿树与落叶树、乔木和灌木相结合的植物配置形式，同时还要考虑不同花期和色彩的树种之间的配置；要充分考虑居住区植物绿化的生态功能，尽量减少绿篱和植物模纹（造型）的面积，不能把所谓的美化置于绿化功能之上；也要考虑到与其他植物构成景观元素相结合，形成综合的景观效果。

宜选择生长健壮、有特色的树种，可大量种植宿根、球根花卉及自播繁衍能力强的花卉，既节省人力、物力、财力，又可获得良好的观赏效果。

植物种植形式要多种多样，如丛植、群植、孤植、对植等，形成丰富多彩的植物景观（图 2-87 至图 2-90）。

① 孤植：对于一些比较名贵、稀有树木的配置方式，可以点景或形成界定特定的空间。② 对植：平面上可以暗示空间，空间上可用树木形成“门式”的形态。③ 列植：成行列的排布，可以成同种类、同形状，也可以是不同类型。④ 丛植：是三颗以上的树木种植在一起的方式；丛植可以取得自然、活泼的效果，一般以奇数出现大

小搭配。⑤ 群植：成片种植一种树，或以一种树木为主，其他为辅的更大范围的种植。

（四）项目认知实践

本章节的居住区景观设计的认知实践主要任务是根据本章第一节讲授的景观设计程序的内容，结合居住区景观设计的案例分析，学生在老师的指导下对某一在建居住区项目进行景观设计实践的过程。根据学生目前对景观设计知识和技能掌握的具体情况，由老师根据设计任务书的要求分配任务，同时不要求学生作出施工图设计，只对场地进行分析和方案设计进行到详细设计阶段，最后形成文本和图板进行展示。

任务一：对某一居住区进行考察与测量

学生去城市中一些在建居住区，实地现场考察和测量，使学生对现实空间尺寸有准确的认识和对土地现状存在的高低差、水系和道路有真实的了解，为下一步设计做好准备。

任务二：对考察后的资料进行分析和整理

学生对规划小区地段和周围区域进行周边环境、人为活动等进行现场观察，并把考察到的资料作为设计前期制定设计思路和理念参考资料。

任务三：提出设计理念和概念草图

学生根据对小区的现场考察和测量，加上小区周围历史背景、人文的资料收集，开始根据甲方需要制订详细的设计理念，通过手绘把自己对小区的初步设计想法表现出来，形成概念设计平面图。

任务四：方案设计与效果表现

同学与老师共同探讨，制订出详细的设计方案后，学生通过手绘表现或电脑制图，把居住区景观设计概念设计的图纸形成完整的设计成果，包括总平面图、竖向设计、局部效果图，形成方案文本。

任务五：与甲方和客户进行方案汇报和修改

学生将居住区景观设计的概念设计方案向甲方或老师进行方案汇报，此过程学生必须独立完成自我设计方案的想法汇报，这对学生设计语言表达能力培养和训练至关重要。学生通过汇报设计，甲方或老师提出设计上的不足，学生进一步完善修改。

任务六：完成设计作品和排版展示。

经过跟甲方或者老师进行汇报后进行修改，学生的设计作品经过多次修改，直至使甲方或老师满意为止。然后学生把自己的设计作品形成 A3 文本册子，同时要求在 A0 图板上进行排版，出图后学生们统一进行设计作业展示（图 2-91）。

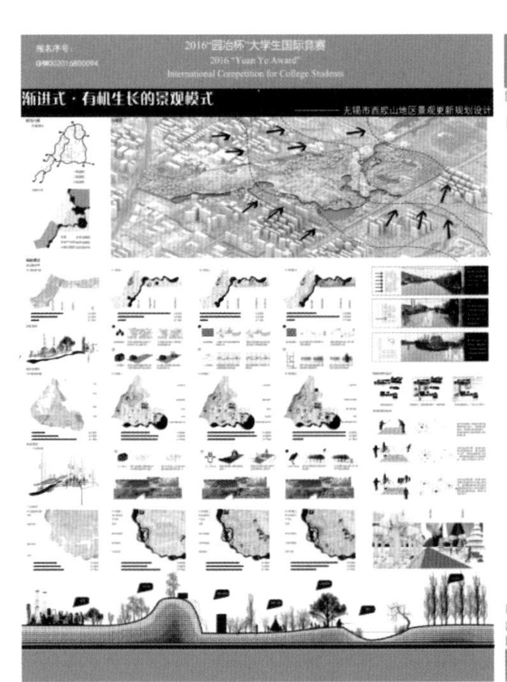

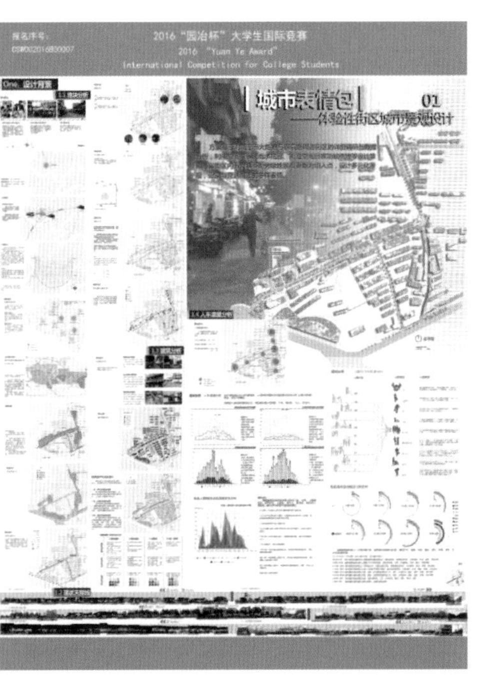

图 2-91　学生作品排版展示

(五)实训作业

1. 设计主题

居住区景观设计

2. 设计图解

该设计属于北方某城市居住区景观设计，设计范围约6120平方米，设计场地范围实质就是入口两侧、出口的南侧以及中间两栋住宅之间的场地。详细距离见图2-92，图中距离单位均为米。

3. 设计要求

设计形式要符合现代居住区景观设计要求，要体现现代居住空间的特点。

4. 图纸要求(A2图纸两张)

(1)设计说明(简要说明200~300字);

(2)总平面图(比例尺1:300，手绘，工具不限);

(3)交通及功能分析图(比例尺1:500，手绘，工具不限);

(4)主要立面图(比例尺自定，手绘，工具不限);

(5)局部效果图(主要景点效果图两张，彩色手绘，表现技法及工具不限)。

其中(1)、(2)、(3)使用一张图纸，(4)、(5)使用一张图纸。

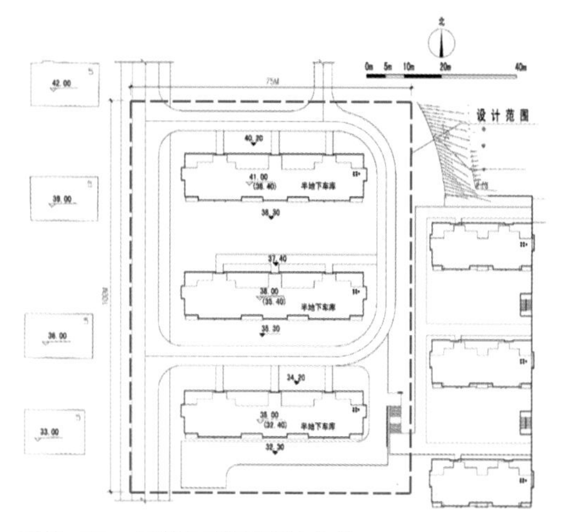

图2-92　居住区景观设计作业

四、实训项目三：公园景观设计

公园是城镇重要的公共休闲、娱乐空间，城市化的迅速发展，人们对公园的需求越来越普遍。从中华人民共和国成立初期的人民公园、劳动公园、儿童公园等逐步发展到目前综合性的主题公园、遗址公园、地质公园、森林公园、湿地公园等，设计内容有明显的时代特征。

通过对公园景观设计的典型案例分析，掌握不同主题的公园景观设计的要点、设计内容、图纸表达等，然后在老师指导下进行项目认知实践，使学生进一步掌握公园景观设计元素的提取及应用。

(一)课程要求

1. 训练目的

通过对公园景观设计两个案例分析，使学生了解公园的分类、功能分区、景观序列、景观设计要素、设计内容、设计方法、步骤，能独立进行公园景观设计。

2. 训练重点

此方案设计重点在于让学生掌握公园景观设计构思过程、空间布局形式、不同空间公共设施的设计等。

3. 学习难点

现代公园景观设计的难点在于掌握营造有特色的游乐空间创意及设计方法。

4. 项目认知实践

在案例分析基础上，由老师带领学生对某一城市各类公园景观进行实地考察、现场讲解。学生在老师指导下完成对考察的各类公园构成元素现状分析，然后总结出不同公园类型的设计元素、空间布局特点、功能区划分、设计要点等。

5. 实训作业

时间要求：根据设定难度确定作业时间。

深度要求：构思草图、总平面图、设计说明、立面图、局部效果图若干张。

（二）设计案例

案例一：杭州市江洋畈生态公园景观设计

1. 项目概况

该项目位于杭州南凤凰山路北虎跑路东侧，处于三面环山的谷地，这里前身是西湖淤泥疏浚的堆积场，经过6年的堆晒，随着淤泥一起排出的水生、陆生植物种子发芽，在江洋畈形成了一个以耐湿乔灌木、湿生植物为主的次生湿地。公园总面积约为20公顷，设计大师王向荣在维护和利用原有生态环境的基础上，将这里打造成一个杭州园林典范的生态型公园。

2. 设计理念

场地由原来的淤泥库逐渐形成了柳树成林的谷地沼泽景观，设计师选择保留基址上大部分现状环境，采用“无为而为”的设计手法，即不干涉自然，不改变自然，顺应自然，更好地为游人展示自然演化的过程，使江洋畈生态公园成为大众休闲、参观、领略科普知识的场所（图2–93）。

3. 设计说明

江洋畈生态公园内的景点有：游客服务中心、公园管理处、杭帮菜博物馆、蓼屿亭、烟波亭、茗亭、百转亭、绿绦亭、飞花亭、薄秀湖、蒹葭台、苇池、荻花洲、枕霞廊、醉霞坡等（图2–94）。设计师以一条木栈道连接公园内的景点，通过木栈道游人可以感受到公园独特的自然景观。设计师保留园内次生植物，用耐候钢将其围合成生态岛，同时梳理生境岛外的植物，适当疏伐，为低矮植物创造生长条件，营造出富有生机的公园景观。

4. 道路分析

江洋畈生态公园内的道路有车行道、游园路、栈道（图2–95）。车行道分为主干道和次干道，宽度分别为5米和3.5米。游园路宽度为2米，木栈道贯穿公园内的各个景观节点和生态岛，在竖向上起伏变化着，增加了景观的空间层次感（图2–96）。

5. 景观节点

生境岛：

设计师用耐候钢围合出场地中的原生植物，形成

图2–93　江洋畈生态公园

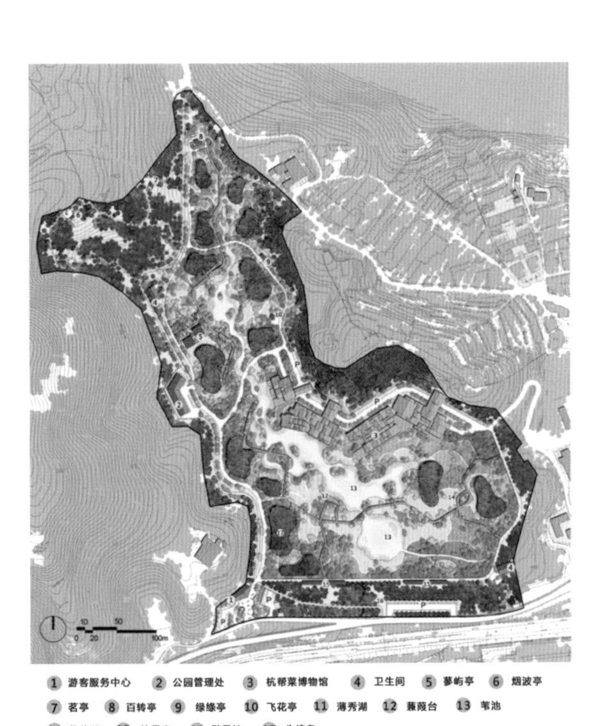

图2–94　江洋畈生态公园总平面图

图2–95　公园道路分析图

图 2-96　江洋畈公园内木栈道

图 2-97　江洋畈公园内生境岛

图 2-98　江洋畈公园内主题博物馆

图 2-99　江洋畈公园内卫生间

图 2-100　江洋畈公园内休闲廊架

了生境岛，分布在水边、栈道边，游人可以近看或远观生境岛内的植物景观。生境岛分隔材料选用荷载小又耐腐蚀的耐候钢材料，较之石材、木材更加耐用，经过雨水的冲刷后表面形成一层自然的锈红色保护层，与周围环境融为一体（图 2-97）。

建筑物：
公园内的建筑有主题博物馆、游客中心、管理中心、公共卫生间、景观亭、台、廊等。建筑颜色以灰、白为主，局部用绿色木结构做建筑外装饰，与生态公园的环境相一致（图 2-98）。园内的卫生间顶棚采用钢结构，由植物构成天然的屋顶，体现着亲近大自然的设计感（图 2-99）。休闲廊架是以几何状的钢架结构，配以绿色栅格营造出阵列式的光影效果，与场地相融合（图 2-100）。园内枕霞廊同样用具有现代感的灰色系钢结构，顶部为实木材料，现代材料与传统材料的结合构成了简洁灵动的景观廊架。

6. 标识系统设计
江洋畈公园内的入口、人群集聚场所、道路交叉处设置导视牌、温馨提示牌、科普牌。导视牌结合湿地中的植物与昆虫的形象，既生动活泼又趣味横生。导视牌的主题颜色选用象征生态的绿色，材料用生态环保型，展现出生态公园的特性。这些标识系统是公园中最直观的形象标识，具有导视、科普教育的功能。

7. 植物选择
江洋畈公园采用维护原有植物生态群落的方式，营造生境岛来保留原有次生湿地植被，并合理配置水生、湿生植物，保留场地中的乡土水生植物，补种的植物以低养护的乡土植物，实现真正的生态型公园。引入的乡土植物以宿根花卉和草本植物为主，如波斯菊、硫华菊、酢浆草、石蒜、野生狗尾草、蓼属植物等。

江洋畈湿地公园的常见植物有：

乔木类：
大叶柳、南州柳、栾树、朴树、构树、盐肤木、含笑、深山含笑、无患子、山樱花、果梅、杜英等。

灌木类：
胡枝子、野蔷薇、彩叶杞柳、棣棠、石楠、火棘、锦带花、金叶大花六道木、醉鱼草、粉花绣线菊、紫萼杜鹃、美人茶、迎春花、毛白杜鹃、喷雪花、凌霄、大花栀子、金丝桃、云南黄馨、长叶女贞、水蜡、木芙蓉、木槿等。

藤本植物：
凌霄、木香、爬山虎、油麻藤、迎春花、紫藤花、葡萄、常春藤等。

水生植物：
香蒲、芦苇、黄菖蒲、梭鱼草、千屈菜、花菖蒲、鸢尾、马蔺、蒲苇、旱伞草、蒿苞、花叶芦竹水葱、睡莲、莲藕、金叶苇荡、花蒲草、日本鸢尾等。

地被植物：
草坪类的有百慕大、匍匐剪股颖、高羊毛草、草地早熟禾、黑麦草、马蹄金、马尼拉、狗牙根等。

案例二：葫芦岛市茨山河滨水公园景观设计

1. 项目概况

该项目位于中国辽宁省葫芦岛市龙港区，地处环渤海湾的滨海城市，属城市滨河的沿岸景观设计，现有连山河、五里河、茨山河三条主要河道流经市区，2016 年由大连工大艺术设计研究院有限公司设计完成。

项目的设计范围为海月桥至海辰路桥段以及沿龙绣街的海月路至海星路支流，主河道全长约为 2.8 千米，河道将拓宽至约 60 米，两侧各设置 30~50 米宽绿化带，支流长度约为 1000 米，河道宽度约为 16 米，两侧各设置 15 米和 8 米的绿化带，项目红线范围内绿地总面积约为 29.7 万平方米（图 2-101）。

2. 项目周边环境分析

茨山河发源于东硅山，于城区西北入境，龙港区稻池乡入海，项目范围为海辰桥到海月桥 2.8 千米长河岸。拓宽后的河道宽 60 米，两侧设计范围 30~50 米，现有建筑、河道、植被基本没有保留（图 2-102）。项目周边规划路网方正、交通便捷性好，不足之处是一条铁路横穿其中，与河流域发生交叉的位置均采用跨越式公路桥和景观桥的形式解决（图 2-103）。

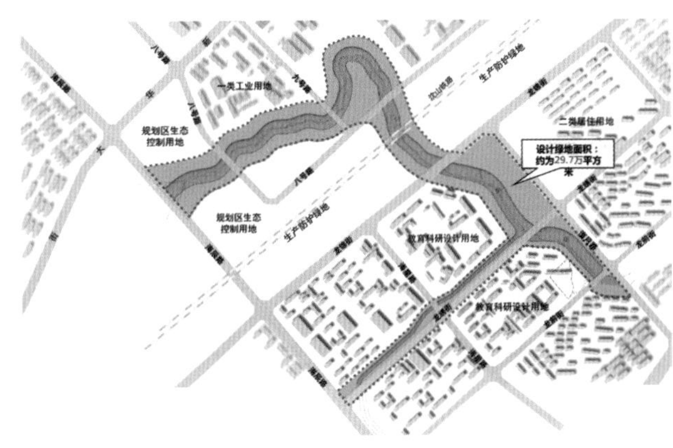

图 2-101　项目河道改造后平面图

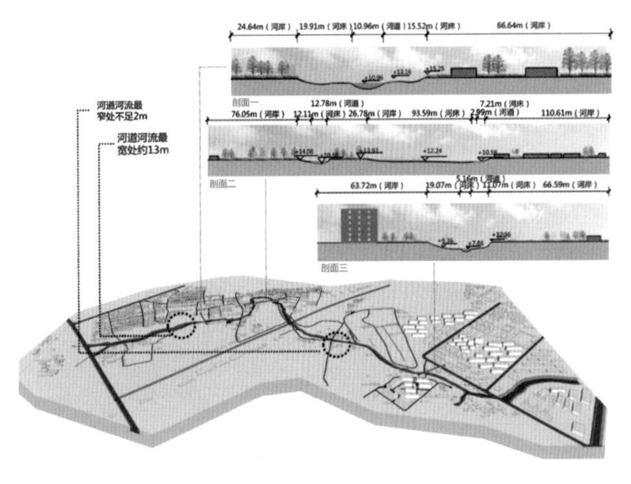

图 2-102　场地剖面分析图

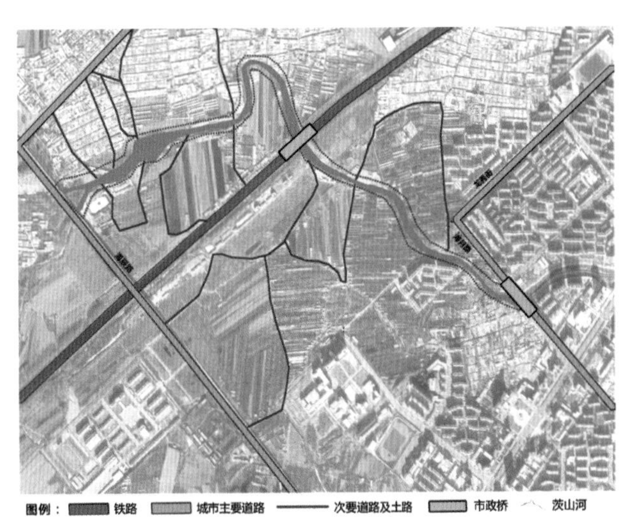

图 2-103　周边交通现状图

3. 设计理念
运用生态文化理念，采用国学造园手法，通过现代、简捷、自然的方式，打造以“水文化”与“河流文明”为主题的会呼吸的城市郊野湿地公园。

4. 设计说明
根据场地自身条件，基于对葫芦岛文化的研究，解读场地的环境元素，营造整体区域的形象。同时构建具有本地特色的亲水与活动空间，满足人们娱乐、休闲、健身等空间的使用（图 2-104、图 2-105）。

5. 道路设计
通过对滨河路人行道、散步小道、自行车道的合理布置安排，产生各种不同的空间体验（图 2-106、图 2-107）。滨河路人行道：道路宽度为 2 米，长约 5950 米，作为茨山河与绿地的边界，人行道既具有道路本身的流通性质，又有从属于绿地的特点。散步小道：道路宽度为 0.9 米，长约 1800 米。自行车道：道路宽度为 3 米，长约 4000 米，所经之地植物相对比较茂盛。

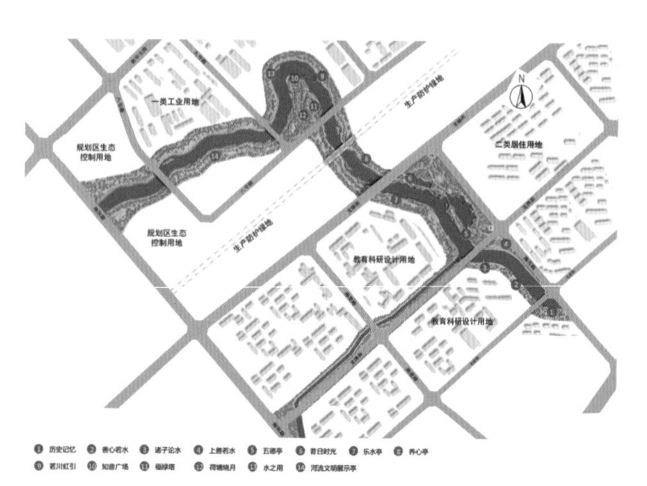

图 2-104 总平面图

图 2-105 总鸟瞰图

6. 景观节点
主要景点有历史记忆、善心若水、诸子论水、上善若水、五德亭、昔日时光、乐水亭、养心亭、若川虹引、知音广场、福禄塔、荷塘晓月、水之用、河流文明展示亭（图 2-108）。

7. 驳岸设计
驳岸是滨水与陆地相交处的边界，具有保护岸坡、减少水土流失、亲水性、维护生态环境的功能。根据场地的需求，驳岸分为：硬质为主的驳岸——本身生

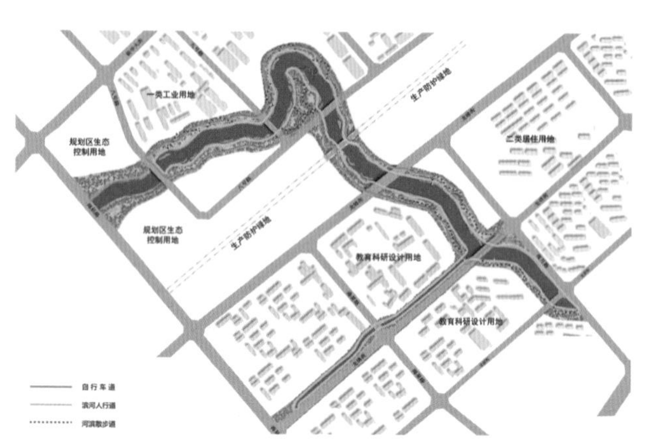

图 2-106 道路设计分析图

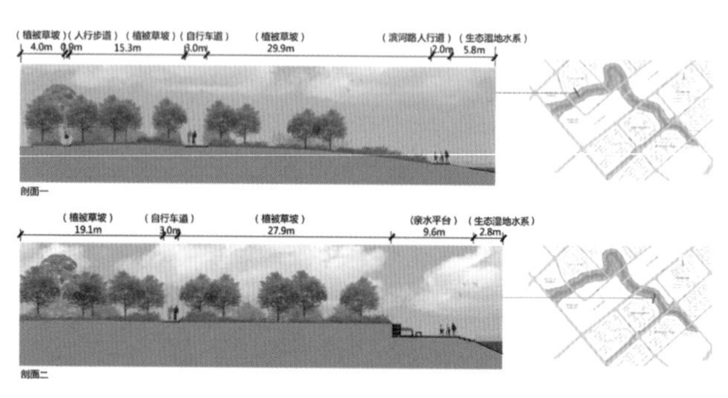

图 2-107 道路竖向设计剖面图

图 2-108 局部鸟瞰图

态不够敏感较适宜少量开发的驳岸；生态护坡型驳岸——本身不够稳定但可用生态方法固岸的驳岸；软质自然型驳岸——本身生态很敏感不适宜开发的驳岸（图2-109）。

类型A：改造为亲水平台生态护岸

将堤体大幅后退，创造出可淹没的岸线，加以生态护岸处理，临水处设置亲水平台，形成滨水宜人景观，柔化了岸线，并增加了行洪面积（图2-110）。

类型B：改造为生态廊道护岸

将堤体大幅后退，创造出可淹没的岸线，堤体前设置步行道，供枯水期人们游园、垂钓、观景等活动（图2-111）。

类型C：改造为下沉空间护岸

设置下沉亲水空间，其后抬高的空间相当于护岸功能，可防50年一遇洪水，下沉空间可做滨水休闲步道（图2-112）。

类型D：改造阶梯休闲广场护岸

设置阶梯休闲广场，此处阶梯抬高相当于堤岸功能，可防50年一遇洪水，休闲广场空间则缓缓下沉至平均高度供人们亲水游玩等（图2-113）。

8. 户外灯具和家具设计

户外灯具和家具的设计遵循简洁、现代、自然的设计语汇，设计风格与公园的整体风格相一致（图2-114）。

9. 标识系统设计

标识系统有全园导视牌、指示牌、景点导视牌、管理牌（图2-115）。

10. 植物选择

在植物的选择上注重节奏的变化，通过植物疏密搭配，营造出林荫、开敞、围合、通透等不同的空间感受。在保证形式美感、功能使用、自然生态等前提下，降低景观成本的同时获得更好的使用效果和经济效益，所以植物应选用生存能力强、所需后期管理费用低廉的品种，节省维护成本（图2-116）。

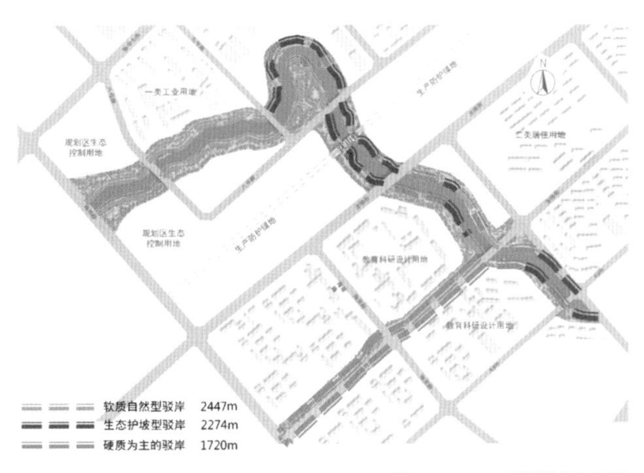

图2-109 驳岸设计图

图2-110 类型A护岸立面图

图2-111 类型B护岸立面图

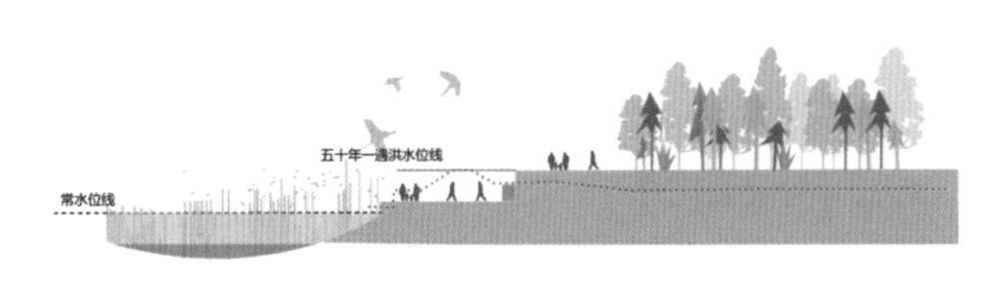

图2-112 类型C护岸立面图

图2-113 类型D护岸立面图

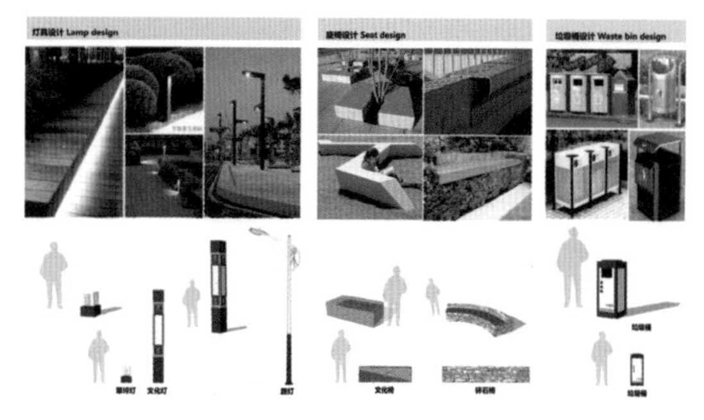

图 2–114　户外家具和灯具设计

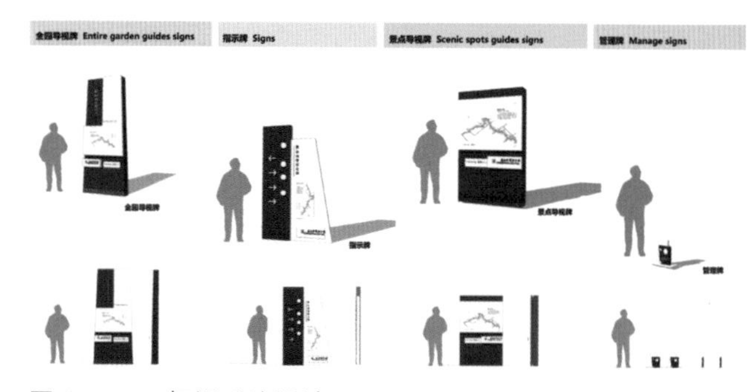

图 2–115　标识系统设计

图 2–116　植物选择图示

（三）设计知识点

1. 公园的分类

我国 2002 年发布的《城市绿地分类标准》（CJJ/T85—2002），明确了公园绿地的分类。我国的公园一般分 5 大部分 11 小类：即综合公园（含全市性公园、区域性公园）、社区公园（包括居住区公园、小区游园）、专类公园（含有儿童公园、动物公园、植物公园、历史名园、风景名胜公园、游乐公园、社区性公园、其他专类公园），另外还有带状公园和街旁绿地等（图 2-117）。

图 2-117　辽宁本溪关门山国家森林公园

2. 城市公园的功能、交通分析

城市公园的主要使用功能主要包括游憩、体育、文化教育、管理几大类等。从分区来看，一般城市公园大体分为休息区、散步区、游览区、运动健身区、公共游乐区、儿童游戏区和附属部分。

城市公园中园路有划分空间和引导游人游览的功能，有人车分行和人车混行两种；按照使用功能划分为主路、支路和小路三个等级。园路的宽度等要根据《公园设计规范》（CJJ 48—1992）的有关规定进行设计（图 2-118）。

图 2-118　某公园功能分区图

3. 城市公园的空间布局与设计

城市公园由不同的节点空间组成，如何进行布局很重要。主要根据公园的地形、地貌划分功能分区，不同的分区为了满足功能需要布置不同的节点空间。城市公园空间组织主要有集中式空间结构、线式空间结构、组团式空间结构、网格式空间结构等。公园设计形式一般有两大模式：一是规则几何式构图，二是自然无规则构图形式（图 2-119）。

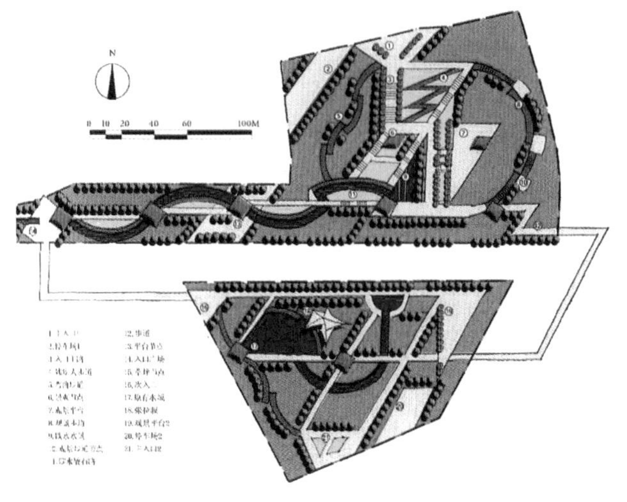

图 2-119　公园空间布局图

4. 城市公园构成要素设计

城市公园的构成要素主要是指植物要素的设计、公园水体景观设计、公园雕塑小品设计和公园地面铺装设计等内容（图 2-120）。

5. 综合性公园设计的主要内容

（1）功能分区规划：一般综合性公园功能分区包括入口广场区、文化娱乐区、儿童活动区、老人活动区、体育活动区、安静休息区和办公管理区等。

图 2-120 上海世博公园水体景观图

图 2-121 张家界景区入口处

图 2-122 大连海之韵公园广场

图 2-123 湖南岳麓山爱晚亭

图 2-124 上海后滩公园的花架

（2）公园出入口的确定：包括主入口、次入口和专门入口等（图2-121）。

主要入口——应与城市主要干道、游人主要来源方位以及公园用地的自然条件等诸因素协调后确定。《公园设计规范》条文说明第 2.1.4条指出：市、区级公园各个方向出入口的游人流量与附近公交车设站点位置、附近人口密度及城市道路的客流量密切相关，所以公园出入口位置的确定需要考虑这些条件。主要出入口前设置集散广场，是为了避免大股游人出入时影响城市道路交通，并确保游人安全。公园主要入口的设计，首先应考虑它在城市景观中所起到的装饰市容的作用。设计内容包括：公园内、外集散广场，园门，停车场，存车处，售票处，围墙等；综合性公园主要大门，前后广场的设计是总体规划设计中重要组成之一（图2-122）。

（3）园路的分布。

（4）公园中广场布局。

（5）公园中的建筑。

（6）电气设施与防雷。

（7）公园地形处理。

（8）给排水设计。

（9）公园中植物的种植设计。

（10）制定建园程序及造价估算等。

6. 公园常规的主要设施

（1）造景设施：树木，草坪，花坛，花境，喷泉，假山，湖池，瀑布，广场等。

（2）休息设施：亭，廊，花架，榭，舫，台，椅凳等（图2-123、图2-124）。

（3）游戏设施：沙坑，秋千，滑梯，爬竿，戏水池等。

（4）社教设施：植物专类园，温室，纪念碑，名胜古迹等。

（5）服务设施：停车场，厕所，服务中心，电话亭，洗手台，垃圾箱，指示牌，说明牌等。

（6）管理设施：管理处，仓库，苗圃，售票处，配电室等。

（四）项目认知实践

在案例分析基础上，结合公园设计知识点，由老师带领学生对某一城市各类公园景观进行实地考察。主要任务和设计成果要求如下：

任务一：对考察的景观场地分析与测量

学生去城市中各种公园考察，实地现场考察和测量，详细记录各景观构成元素。

任务二：对考察项目背景资料收集和整理

学生对几种公园周围区域环境，进行背景、历史、人文考察。把考察的资料进行整理，对公园的空间布局、景观要素构成等以图纸形式进行分析。总结出不同公园类型的设计元素、空间布局特点、功能区划分、设计要点等。

任务三：提出设计理念和概念草图

学生根据对公园的现场考察，加上公园性质和周围环境现状和历史背景，人文资料的收集，对公园存在问题进行分析，提出改进措施，通过手绘制作公园功能分区和交通组织设计，最后形成概念构思草图。

任务四：方案设计与效果表现

学生在老师指导下完成方案设计平面图、竖向设计图、效果图等，制订出详细的设计方案。手绘和电脑辅助制图均可。

任务五：完成设计作品和排版展示

学生最后设计成果形成 A3 文本形式提交，同时形成 A0 展板全班进行教学成果展示（图 2-125）。

图 2-125　学生设计作业排版展示

（五）实训作业

1. 设计主题

滨水公园景观设计

2. 设计图解

该设计属于北方城市某开发区内滨水公园景观设计，设计范围约为 22980 平方米。场地的西面和南面是呈弧形的城市滨水主干道，道路西面为别墅区；场地北面和东面两面滨水，设计范围见图 2-126，图中距离单位均为米。

3. 设计要求

设计形式要符合现代滨水公园景观设计要求，要体现休闲特点。

4. 图纸要求（A2图纸两张）：

（1）设计说明（简要说明200~300字）；

（2）总平面图（比例尺1：500，手绘，工具不限）；

（3）交通及功能分析图（比例尺1：800，手绘，工具不限）；

（4）主要立面图（比例尺自定，手绘，工具不限）；

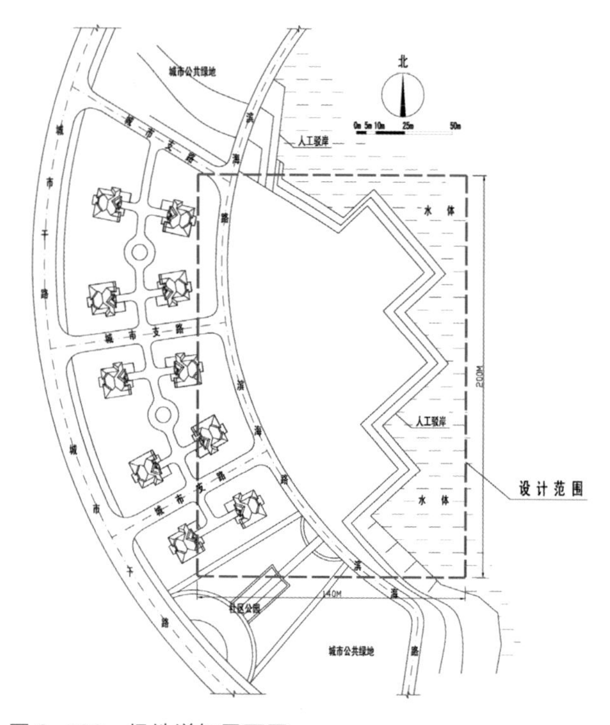

图 2-126 场地详细平面图

（5）局部效果图（主要景点效果图两张，彩色手绘，表现技法及工具不限）。

其中（1）、（2）、（3）使用一张图纸，（4）、（5）使用一张图纸。

5. 公园设计程序

（1）协调公园与城市规划及城市绿地系统规划的关系。

（2）确定公园的性质、规模和特点定位。

（3）确定公园的主要功能和实现各项功能的相应内容和设施。

（4）确定公园的分区。

（5）确定公园的布局形式。

（6）确定公园的交通系统。

五、实训项目四：庄园（旅游度假酒店）景观设计

庄园由建筑、水景、山石、植物组成，是居住、产业、建筑、花园和景观的综合体，是包含住宅、农田、果树园、林牧场、鱼塘以及游憩的园林场所。

通过对旅游度假酒店景观设计、庄园景观设计典型案例的分析，掌握旅游度假酒店景观设计、庄园景观设计的内容、设计深度、图纸要求等，然后通过项目认知实践过程，在老师指导下进行项目实践训练，提高学生实际操作能力，实训作业是由学生独立完成的内容，主要检验学生掌握本章知识程度。

（一）课程要求

1. 训练目的

通过对旅游度假酒店景观设计、庄园景观设计两个案例分析，使学生了解旅游度假酒店景观设计、庄园景观设计的要素、设计内容、设计方法、设计步骤和设计要点，进而使学生能自己尝试进行庄园景观设计或旅游度假酒店景观设计。

图 2-127　十字水生态度假村鸟瞰图

图 2-128　十字水生态度假村景色

2. 训练重点

本次项目训练重点在于让学生掌握旅游度假酒店景观设计、庄园景观设计的现状分析及其设计要点。

3. 学习难点

现代庄园景观设计和旅游度假酒店景观设计的难点在于掌握设计思想和景观构成及设计手法。

4. 项目认知实践

在案例分析基础上，由老师带领学生对某一新建成的旅游度假酒店或庄园进行实地考察，现场讲解。学生在老师指导下完成某一庄园景观设计，掌握设计流程和设计要点。

5. 实训作业

时间要求：根据设定难度确定作业时间。

深度要求：构思草图、总平面图、设计说明、立面图、局部效果图若干张。提交 A3 文本一册。

（二）设计案例

案例一：广东省南昆山自然保护区十字水生态度假村景观设计

1. 项目概况

该项目位于广东省龙门县南昆山国家森林公园内，度假村总规划面积约为 166.7 公顷，建筑面积为 8000 平方米，由 EDSA 设计完成。项目设置有餐厅、SPA 冥想区、别墅区、会所等功能分区，度假村内的建筑风格具有南昆山地区建筑的文化特征，景观设计将中国园林设计要素和传统园林的诗情画意结合在一起，设计师将这里打造成一个生态型的度假村（图 2-127）。

2. 设计主题

竹子是客家的土屋、廊桥、碉楼等的主要建筑材料，设计师将竹文化运用到项目中的景观建筑和建筑的室内外装修上，就地取材，充分体现生态设计。项目的设计主题中融入刘禹锡、王维、白居易的诗句，如王维《山居秋暝》中的“空山新雨后，天气晚来秋。明月松间照，清泉石上流。”设计师用诗描绘出“清泉翠竹山居”的意境（图 2-128）。

3. LOGO设计

十字水生态度假村的 LOGO 是十字花形图案，由“山”“水”“虫”“竹”“鸟”五个字的篆体围合而成（图 2-129）。LOGO 的起点与终点间留有一个缺口，似乎是在邀请游人到度假村内体验，这样的设计融入文化意境和巧妙的构思，不仅给游人留下深刻的印象同时也紧扣项目的生态主题。

4. 设计说明

场地的中心景观节点是核心入口处的竹廊桥，周围有茶餐厅、温泉、SPA 馆，溪流交汇处有用竹子建造的茶室和观景台，西北方向有别墅、泳池等。项目中

CROSSWATERS ECORESORT
十字水生态度假村

图 2-129　十字水生态度假村 LOGO 图

的建筑物都建在场地的中轴线上，沿着溪流，顺山而建，本着生态性原则，保护场地的环境。项目的主要景点有竹廊桥、船坊、竹韵厅、竹廊、SPA 区、别墅、竹塔、石桥、栈道（图 2-130）。

5. 景观节点

景观墙：

度假村入口处有一段由各种山石拼砌成的景观墙，正对着竹廊桥，景观墙修葺形式为虚实结合、乱中有序。景观墙上镶嵌着刻有诗句的三块方形石板，中间以一根竹竿引水落入下面并排放置的三个外方内圆的斗形盆（图 2-131）。设计师将景观墙设计结合客家民间的取水方式，既有艺术气息又充满生活氛围。

竹廊桥：

由著名的哥伦比亚建筑家 Simonvelez 设计，竹廊桥以南昆山原生毛竹为主要材料，传统的瓦片为顶，人字形黑瓦顶结合竹子骨架构成的穹形桥体，形式与材料突显出南方民居的建筑形态和特点，奠定了整个度

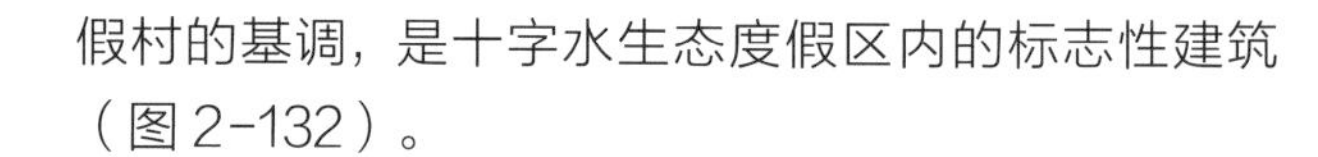
假村的基调，是十字水生态度假区内的标志性建筑（图 2-132）。

观景台：

观景台建在山林中的溪流交汇处，以竹子为主要材料，与周围环境融为一体，宛如从竹林中生长出一般，游人可以在这里驻足休息、观赏美景（图 2-133）。

6. 铺装设计

十字水度假村中的铺装设计简洁现代，材料选择遵循生态性原则，使用当地有机材料、可回收利用的材料等（图 2-134、图 2-135）。铺装纹样结合了中国传统

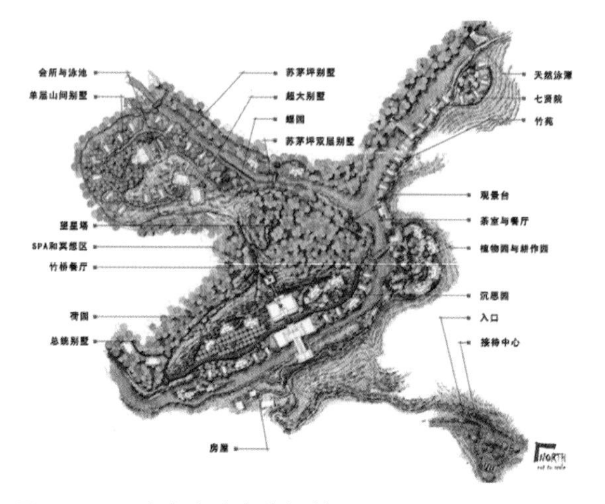

图 2-130 十字水生态度假村平面图

图 2-131 景观墙

图 2-132 竹廊桥

图 2-133 观景台

图 2-134 度假村内地面铺装

图 2-135 度假村内园路

的长寿五福要素，如竹、桃、梅、鹤、松树、菊花、龟等。

7. 植物选择

十字水度假村中设计有很多精致的小花园，包括莲花花园、映月花园、七道圣人花园、竹雕塑花园、蝴蝶园和蔬菜园（图 2-136、图 2-137）。花园风格以中国特色为主，经过精心的设计布置，每个花园各具特色，景色宜人，植物配置采用本地植物。

案例二：桓仁县“枫都庄园”景观设计

1. 项目概况

该项目位于本溪市桓仁县南部，东侧及北侧分别为鹤大高速和 567 乡道，交通便利。场地为不规则形，总面积约为 12.9 万平方米。现状景观条件优越，从总体看，植被状况良好，森林覆盖率较高；场地水资源丰富，北部横贯一条自然河流，自西北到东南一条人工水渠从场地穿过，场地中心有人工湖一座；在建有多个建筑，城堡酒店气势恢宏，林间别墅群灵动活泼；现有道路还未形成完整的交通网络。2017 年由大连工大艺术设计研究院有限公司设计。

2. 场地分析

高程分析：项目设计范围内最高点与最低点高差达到 79 米，40% 场地地势较为平坦，存在较小高差，保持在 5 米高差范围内，西侧场地地势较高，多为自然山体（图 2-138）；东侧场地整体较为平坦，具有良好的地形优势，适宜开发，设计相关活动项目。

坡度分析：项目设计范围内高差较大，局部区域坡度较陡，最大坡度接近 90 度，50% 场地坡度保持在 15 度以内，同时以 20 度为分界，形成场地内明显的两大区域；坡度较缓区域等适合项目活动开展和工程建设（图 2-139）。

坡向分析：项目范围内场地受周围自然山体和河流的影响，形成坐南朝北的布局，整体场地阴坡、半阴坡区域占到总体面积的 65%~70%，极少区域为阳坡或者半阳坡。因此场地内极少数的阳坡和半阳坡区域成为人群户外活动的主要区域，同时植物生长环境也更倾向于阴生（图 2-140）。

3. 设计依据与原则

《中华人民共和国森林法》

《中华人民共和国环境保护法》

《中华人民共和国城市规划法》

中华人民共和国林业行业标准《森林公园总体设计规范》LY/T5132-1995

中华人民共和国《风景名胜区规划规范》GB50298-1999

图 2-136　度假村内莲花池

图 2-137　度假村内蔬菜园

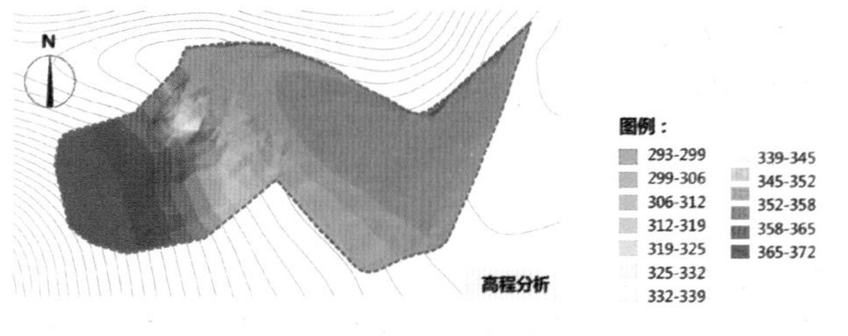

图 2-138　场地高程分析图

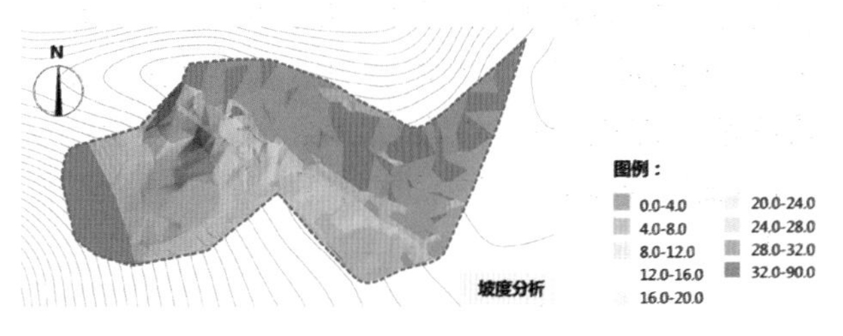

图 2-139　场地坡度分析图

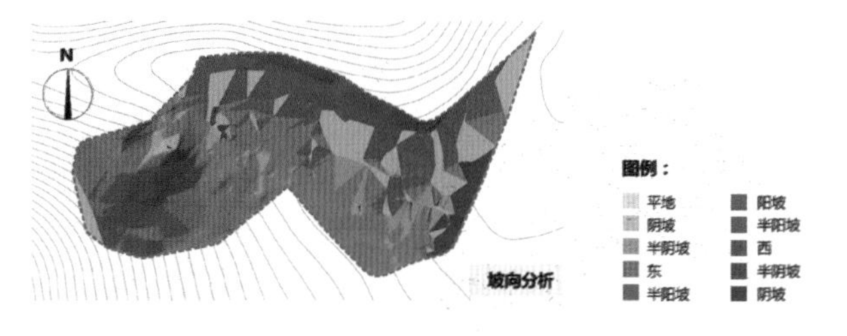

图 2-140　场地坡向分析图

中华人民共和国《公园设计规范》CJJ48-1992
中华人民共和国《旅游度假区等级划分》GB/T26358-2010

生态性原则：注重维护现有高质量的景观资源，引进多种优良的观赏植物，与原生态自然环境一起打造坚实、可持续的生态基础。

艺术性原则：与时俱进，创新思维，优先考虑并应用景观建设的新材料和新技术，通过艺术化的设计手法来提高景观的观赏性、参与性及其价值。

文化性原则：重视文化的感染力和吸引力，充分运用本溪枫叶文化、婚庆文化资源，创造别样景观，展现别样风采。

经济性原则：首选本地建筑材料及乡土植物，重视景观的耐久性，降低后期维护成本，从各个环节控制资金支出。

4. 设计主题
打造一个以"枫叶文化"为主题，集高档特色酒店住宿、风情餐饮、户外休闲运动、亲子游乐为一体的欧式庄园。

5. 设计说明
该项目占地12.9万平方米，庄园内采用电瓶车游览，设置有专用停车场、演艺烧烤广场、枫情商业街、亲子乐园、户外拓展训练、城堡酒店和森林木屋等项目。场地自然植被优良，水系发达，自然景观优美。主要景点有：弗洛拉广场、枫林乐园、欢乐BBQ、绿影奇兵、勇者之路、花溪涧、城堡、森林氧吧、森林木屋等（图2-141）。

6. 道路设计
场地道路系统设计采用分级设置形式，一级道路宽度以4米为主，为车行路；二级道路宽度为2~3米，为庄园内主要的人行道路；少数二级道路按照原有道路和商业街而设置；三级道路为自然石材和木栈道，宽度为1.5~2米，用于场地植被茂盛的森林别墅区、儿童活动区、滨水路、登山步道等（图2-142）。

7. 功能分区设计
根据场地定位和服务对象的相关需求，将场地梳理为四大功能区（图2-143），分别为综合服务区、亲子游乐区、休闲健身区和森林度假区。其中，综合服务区、亲子游乐区和休闲健身区人流量大，活动丰富，为"动区"；森林度假区环境自然生态，适宜休闲漫步，为"静区"。

8. 局部方案设计
（1）综合服务区设计：
综合服务区位于场地的东北角，占地面积约2.3万平方米。沿567乡道进入场地，形成一个集散中心，该区域设置有入口大门、停车场、综合性质的商业街和一个特色户外演艺烧烤广场，为整个庄园的服务核心，配套相关餐饮、住宿办理、购物等服务内容（图2-144），设置有电瓶车站点。其中商业街区域，将水系引入其中，沿商业街形成特色景观水系，既有利于小气候的调节，又增添商业街区域的氛围环境。同时室内外景观结合，通过特色文化铺装、水景、雕塑等景观元素，营造出一条不一样的枫情街。

（2）亲子游乐区设计：
亲子游乐区占地面积约1.9万平方米，通过景观桥与商业街连接，借助半岛式的空间形态和优美的水系景观，形成独立安静的儿童游乐区域——枫林乐园，它为庄园的不同客户群体提供服务，满足不同人群的需

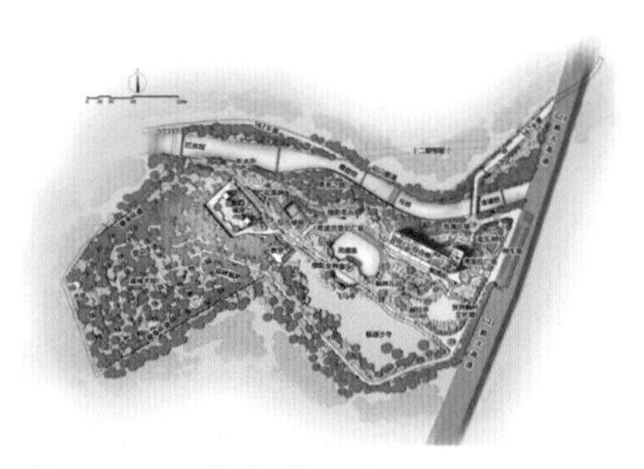
图2-141　枫都庄园平面图

图2-142　枫都庄园道路设计平面图

图2-143　枫都庄园功能分区平面图

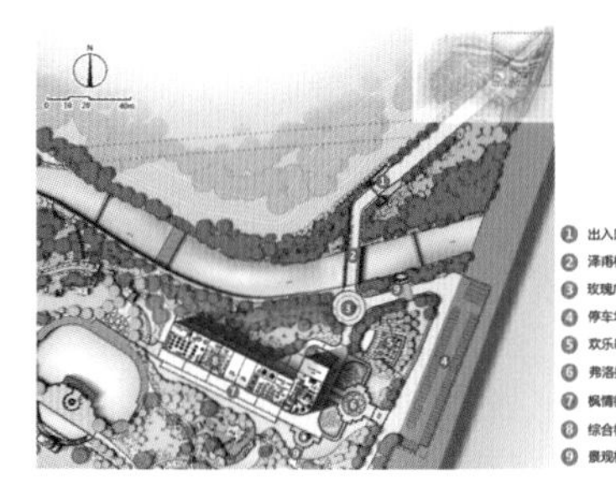

图 2-144　枫都庄园综合服务区平面图

图 2-145　亲子游乐区平面图

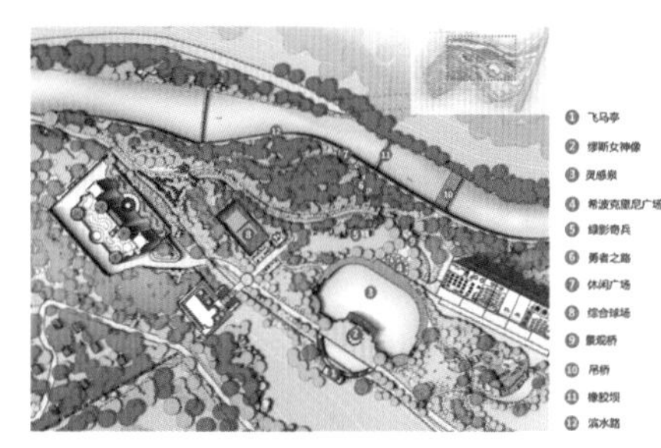

图 2-146　休闲健身区平面图

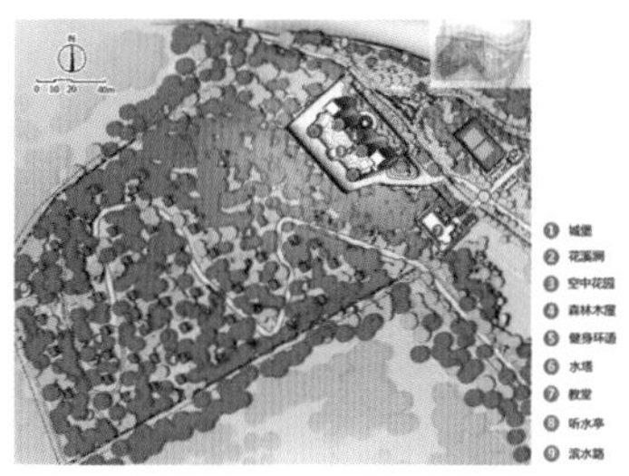

图 2-147　森林度假区平面图

图 2-148　度假区内城堡鸟瞰图

图 2-149　度假区滨水路效果图

求也增添了庄园的温暖性。同时开敞游乐草坪与象征母爱的赫拉亭的设置，为人们提供一个舒适的户外空间，世界枫叶文化墙突出主题的同时成为儿童科普的重要载体，整体为在这里休闲度假的家庭提供一个温馨的户外环境（图 2-145）。

（3）休闲健身区设计：

该区域借助场地内的中心湖体和自然河流的生态环境形成庄园的休闲健身区，占地面积约为 2.9 万平方米，整体健身环道长 1600 多米（图 2-146）。中心湖体休闲区域以希腊神话“飞马”故事为载体，设置飞马亭、缪斯女神像、希波克里尼广场和灵感泉，形成颇具规模且符合场地特征的景观效果。靠近自然河流一侧的植被较为茂盛，在水边设置休闲广场，设置休憩座椅。此区域还设置树上集训项目——勇者之路和户外拓展集训——绿影奇兵，同时配套有多用途的综合球场，健身休闲广场等。

（4）森林度假区设计：

该区域为整个庄园特色服务内容之一，即森林度假区（图 2-147），包括枫都城堡酒店（图 2-148）、教堂和不同主题特色的森林木屋，为庄园游客提供不同级别和风格的住宿条件，也是整个庄园的“静区”。该区域占地面积约为 5.8 万平方米，植被茂盛，空气清新，建筑依山而建，镶嵌于大自然之中。同时这里也是良好的森林氧吧，结合滨水路（图 2-149）设置登山步道，成为庄园健身环路的重要组成部分；考虑到交通便捷性和秩序性，提供环保型电瓶车接送服务。将这里打造成一个生态、绿色、健康的森林度假区。

9. 水系设计

该项目水系设计以相邻的自然河流为基础，利用原有拦水坝和人工灌溉渠，将水体引入场地，利用自然的高差形成丰富的景观水系（图 2-150），包括人工湖一个，水系两条，人工水景三处：包括主题喷泉、叠水、小型喷泉三种类型。雨水采用自然散排为主的方法，利用良好的地势差，同时合理的设置截水沟与排水沟，及时疏导地表汇水。

10. 公共设施设计

公共设施中的座椅设计除在休憩场所设计与构筑物相配套的样式之外，设置了标准座椅，主要用于沿道路的休息点，同时匹配带有 Logo 铭牌的垃圾桶，根据园内电瓶车的游览特色，设置了必要的电瓶车站点和标识牌（图 2-151）。

11. 植物选择（图 2-152）

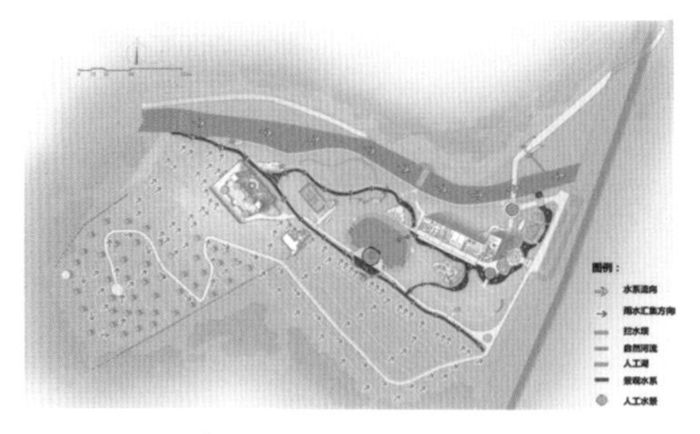

图 2-150 度假区水系平面图

图 2-151 照明系统设计图

常绿植物

云杉 油松 砂地柏

爬藤植物

山葡萄 野蔷薇

剪型植物

小叶黄杨

落叶乔木

银杏 白桦 国槐 金叶国槐 臭椿 梓树 垂柳 灯台树 金叶榆

紫叶李 鸡爪槭 茶条槭 糖槭 枫香 五角枫 元宝枫 三角枫 拧筋槭

落叶灌木

榆叶梅 连翘 香花槐 碧桃 山梅花 忍冬 红王子锦带

珍珠绣线菊 丁香 水蜡 天目琼花 黄刺玫 红瑞木

花卉地被

  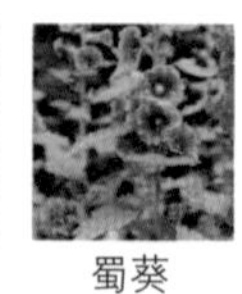    

八宝景天 百日菊 蜀葵 马鞭草 马莲 玉簪 白三叶

石竹 黑心菊 丛生福禄考 紫茉莉 薄叶向日葵 桔梗 鸡冠花 鸢尾

水生植物

千屈菜 水葱 黄菖蒲 小香蒲 蒲苇

图 2-152 植物种类选择图示

（三）设计知识点

1. 庄园景观的分类

古代庄园分为贵族庄园、私家庄园（图 2-153）。现代庄园分为产业型庄园、农业型庄园（图 2-154）、旅游度假型庄园、文创型庄园、私人休闲型庄园。

2. 中外著名庄园景观的特点分析

中国庄园从西汉时期兴起，到魏晋南北朝时期庄园规模逐步扩大，唐代时期庄园达到最高峰。宋朝庄园逐步走向衰落，到明末清初庄园又逐步发展起来。中国庄园提倡“崇尚自然、天人合一”的设计思想，选址在依山傍水、自然环境优良之地，建筑富丽堂皇。庄园在建造时模仿自然山水格局营造出诗情画意的境界，创造宜居的环境。中国历史上有很多著名的庄园，如牟式庄园、刘氏庄园、常家庄园（图 2-155）、王家庄园等。

国外庄园各具特色，意大利庄园的设计思想以规则式和自然式并存，布局采用中轴对称、主次分明、比例协调、尺度适宜的构图方式（图 2-156），意大利庄园以台地庄园最为著名。法国庄园讲究中轴对称和几何图形的运用，注重建筑与园林之间的关系。英国庄园沿袭文艺复兴和哥特式风格，建筑采用半木构建筑，内部景观元素大多都有庭院、花园、露台、湖泊和喷泉。俄罗斯庄园的设计手法主要以规则式为主，庄园的布局与自然相融合。

3. 庄园景观构成要素分析

庄园景观的构成要素主要是庄园的自然资源和庄园内的建筑、庭院、水景、景观小品、植物等。

4. 旅游度假酒店景观设计要点

（1）景观建筑：

旅游度假酒店的景观建筑是游客休憩停留的场所空间，在外观设计上与度假酒店整体的设计主题相一致，充分体现度假功能，满足游客的需求，多选择具有本土特色、自然风格的材料，为游客营造出轻松、愉悦的氛围（图 2-157）。

（2）水景设计：

度假酒店中的水体大多采取河道或者小溪与湖面相结合的方式，用以形成生动的自然水景脉络；为了水体能够稳定，要通过人工建设驳岸来阻隔，一般自然式驳岸比较好，驳岸可以选用自然的材料。

（3）景观小品设计：

度假酒店外环境中的景观小品包括雕塑、置石、景墙、景窗、园灯等。

（4）植物设计：

旅游度假酒店在植物配置上依据建筑的主要功能和环境景观空间功能的要求进行合理配置。在空间层次的设计上要丰富多样，小尺度的庭院空间布置灌木丰富

图 2-153　私家庄园

图 2-154　广东连山皇后山茶庄园

图 2-155　常家庄园建筑

图 2-156　意大利埃斯特庄园

图 2-157　林芝鲁朗度假酒店建筑

空间，大尺度的庭院可以运用孤植搭配群植的方式构成有节奏感的庭院空间。植物种类以乡土植物为主，体现地域特色，同时根据环境的需求，结合植物的不同观赏特质，合理搭配，避免植物种类的单一。

（5）照明设计：
度假酒店的景观照明主要是利用夜色的朦胧和灯光的各种变幻，这可以使整体景观呈现出与白天完全不同的意趣。而那些造型优美的园灯于白天也作为园林小品，具有一定的装饰作用。度假酒店景观周围有选择性地使用合适的灯光，可以让园林中的建筑、雕塑、山石、花木等展示出与白天迥异的情趣。在灯光所创造出的光影中，园景会显得更加幽深、静谧。

5. 庄园景观设计要点
（1）庄园建筑设计：
庄园建筑主要以居住型建筑、景观型建筑为主。居住型建筑是庄园的主要建设区域，一般选择建在地势平缓的地方，或是依山傍水之处，建筑风格与庄园的主题风格相一致。景观型建筑主要包括门廊、景墙、亭子、廊架等景观构筑物，景观材料以当地材料为主。

（2）庄园水景的营造：
庄园的水景可设计成自然式的，也可设计为规则式的，应根据场地的设计主题来确定。水景处理分为静态水景和动态水景，静态水景如湖泊、水塘、池水等，水面设置亭台楼榭，以曲桥、堤岸、汀步分隔水面；动态水景如溪水、喷泉、叠水等。水景的设计要因地制宜，利用水的特质，动静结合，营造出自然艺术的氛围（图2-158）。

（3）庄园植物造景：
植物造景是庄园设计的重要组成部分，在植物选择上以本土植物为主，保证植物种类的多样性，以孤植、对植、群植的手法进行植物造景，营造出有地方特色的植物景观。

（4）主题庄园设计：
现代庄园的主要模式类型有度假型主题庄园、休闲型主题庄园、农业型主题庄园、产业型主题庄园（图2-159）。度假型主题庄园主要依托良好的自然资源，融入现代度假主题概念及设施，打造以度假为主的庄园。休闲型主题庄园是以乡村动物体验活动为主要形式，提供集乡村观光、美食品尝、乡村度假为一体的主题庄园。农业型主题庄园是融合乡村景观、农业文化、现代化农业生产，是一个度假、休闲、学习观光的农业庄园。产业型主题庄园是以茶叶、花卉、药材、香草等特色产业构成的庄园形式，并融入旅游文化，实现庄园的旅游发展。

（四）项目认知实践

在案例分析基础上，结合旅游度假酒店景观设计、庄园景观设计的知识点，由老师带领学生对某一城市的旅游度假酒店或庄园进行实地考察。主要任务和设计成果要求如下：

任务一：对考察的景观场地分析与测量
老师安排学生去城市中旅游度假酒店或庄园考察，实地现场考察和测量，详细记录各景观构成元素。

图2-158　三棵树庄园水景

图2-159　安溪休闲茶庄园

任务二：对考察项目背景资料收集和整理

安排学生对旅游度假酒店或庄园周围区域环境，进行背景、历史、人文考察。把考察的资料进行整理，对旅游度假酒店或庄园的空间布局、植物配置、水景设计等进行分析。总结出旅游度假酒店或庄园的设计元素、空间布局特点、功能区划分、设计要点等。

任务三：提出设计概念和概念草图

学生根据对旅游度假酒店或庄园的现场考察，加上对旅游度假酒店或庄园周围环境现状和历史背景，人文资料的收集，通过手绘制作旅游度假酒店或庄园的功能分区和交通组织设计，最后形成概念构思草图。

任务四：方案设计与效果表现

学生在老师指导下完成方案设计平面图、竖向设计图、效果图等，制订出详细的设计方案。手绘和电脑辅助制图均可。

任务五：完成设计作品和排版展示

学生最后设计成果形成 A3 文本形式提交，同时形成 A0 展板全班进行教学成果展示（图 2-160）。

（五）实训作业

1. 设计主题

旅游度假酒店景观设计

2. 设计图解

该设计属于北方某旅游度假酒店景观设计，设计范围约60900平方米。场地东南侧为自然山体，西北侧为一条自然河流，场地为东西走向，西高东低，内有一鱼塘，依山傍水植被景观良好，场地东西长约843米，设计范围如图2-161所示，图中距离单位均为米。

3. 设计要求

设计形式要符合旅游度假酒店景观设计要求，要体现生态特点。

4. 图纸要求（A2图纸两张）：

（1）设计说明（简要说明 200～300字）；

（2）总平面图（比例尺 1：500，手绘，工具不限）；

（3）交通及功能分析图（比例尺 1：800，手绘，工

图 2-160　学生设计作业排版展示

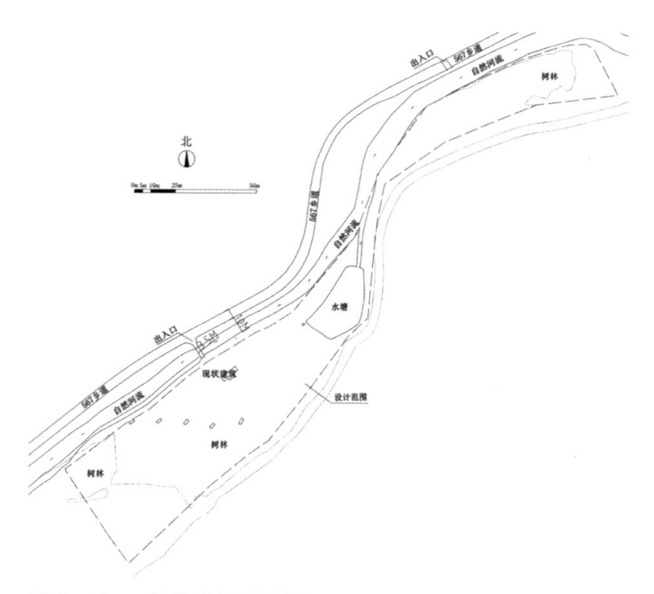

图 2-161　场地详细平面图

具不限）；

（4）主要立面图（比例尺自定，手绘，工具不限）；

（5）局部效果图（主要景点效果图两张，彩色手绘，表现技法及工具不限）。

其中（1）、（2）、（3）使用一张图纸，（4）、（5）使用一张图纸。

六、实训项目五：乡村景观设计

乡村景观是自然景观、农业景观和聚落景观的有机融合。从自然景观来看，不同的地形地貌、植被状况和水系结构形成了区域自然环境的外貌，这些是乡村景观的构成要素，也是影响乡村景观形态的因素。

通过对乡村景观设计典型案例的分析，掌握乡村景观设计的内容、设计深度、图纸要求等，然后通过项目认知实践过程，在老师指导下进行项目实践训练，提高学生实际操作能力，实训作业是由学生独立完成的内容，主要检验学生掌握本章知识程度。

（一）课程要求

1. 训练目的
通过对乡村景观设计案例分析，使学生了解乡村景观设计的要素、设计内容、设计方法、设计步骤和设计要点，进而使学生能自己尝试进行乡村景观设计。

2. 训练重点
本次项目训练重点在于让学生掌握乡村景观设计的现状分析及其设计要点。

3. 学习难点
现代乡村景观设计的难点在于掌握影响乡村景观的要素、乡村景观的构成和设计要点。

4. 项目认知实践
在案例分析基础上，由老师带领学生对某一乡村进行实地考察，现场讲解。学生在老师指导下完成某一乡村景观设计，掌握设计流程和设计要点。

5. 实训作业
时间要求：根据设定难度确定作业时间。

深度要求：构思草图、总平面图、设计说明、立面图、局部效果图若干张。提交 A3 文本一册。

（二）设计案例

案例一：深深・深宅景观设计

1. 项目概况
该项目位于江苏的某乡村，占地面积为2600平方米，建筑面积 650 平方米，由素建筑设计事务所设计建成。场地为狭长的线性空间，设计师根据场地特点，通过空间的转折和递进拉长了流线与视线，将整个庭园呈现出三个层次的深，最后形成了深宅深院的空间序列。

2. 设计说明
设计师基于场地的特点，将虚与实有机的结合，设计出 10 个庭园和 4 座建筑，形成较强的空间序列感，分为三个空间层次（图 2-162）。第一层次空间为入口的泊园、进园、前园，作为停车场、入口广场及老人的起居空间和会客空间。第二层次空间为水园、望园、石园，以中心的水景为核心，形成了会客空间。第三层次空间为静园、动园、山园，是园主的活动空间。

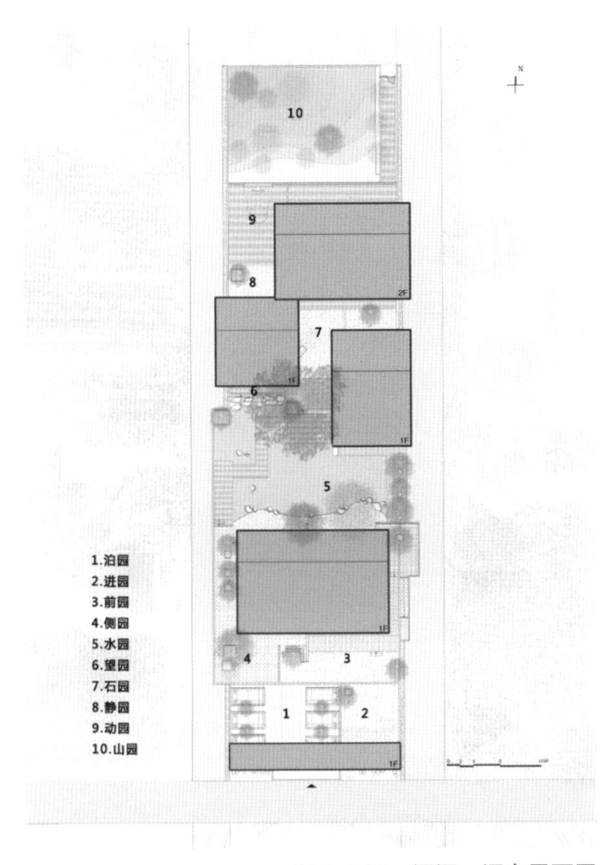

图 2-162　深深・深宅平面图

3. 建筑设计

设计师设计了 4 座建筑，采用砖混结构，屋顶为钢木结构，用薄板错搭而成，这种特殊的构架方式使得屋顶从外观上看特别轻盈，并且还增加了通风和采光（图 2-163、图 2-164）。

4. 景墙设计

项目中的景墙采用镂空设计，将中国古典园林中“框景”“对景”的设计手法巧妙地运用其中（图 2-165）。

5. 水景设计

水园是场地的核心，设计师将最初的小鱼塘扩大与东侧的水渠相连，形成了一个水体空间。通过有“T”形镂空的景墙进入水园东侧，这里是园子内唯一没有围墙的场地，这里相当于是整个场地可以呼吸的窗口。水园中的木质步道与亲水木平台构成了园子的会客空间（图 2-166）。

6. 铺装设计

项目地面铺装采用青石板为主要元素（图 2-167），搭配鹅卵石、不规则草坪，在视觉上给人以活泼轻快

图 2-163　深深・深宅建筑鸟瞰图

图 2-164　深深・深宅建筑

图 2-165　深深・深宅景墙

图 2-166　深深・深宅园中木质步道

图 2-167　深深・深宅铺装 1

的感觉，并且颜色与建筑屋顶颜色相呼应。水园的临水空间设计了木质步道，连接了院落空间，既现代又简洁（图 2-168）。

7. 植物选择

场地中的植物种类多样，以高大乔木为主，如雪松、柳杉等，乔木或以丛植或孤植点景，并配以低矮植物。水池边缘种植再力花、菖蒲等水生植物（图 2-169、图 2-170）。

案例二：绥中县新堡子乡新台子村景观设计

1. 项目概况

项目位于葫芦岛市绥中县西南部的李家堡乡新堡子村新台子屯（图 2-170），新台子屯背倚老牛山，前揽九江河，依山傍水，钟灵毓秀，是一个经历了 600 余年风霜洗礼的军屯文化古村落。2018 年由大连工大艺术设计研究院有限公司进行景观设计。本项目秉承习近平总书记提出的“乡村振兴战略”，响应全国推进美丽乡村建设和旅游扶贫等政策号召，以上位规划为指导，打造以“军屯文化”为主题的明朝时期戍边屯田的原始村落景观，使其成为集旅游服务、民宿体验、乡村休闲为一体的军屯边塞文化特色村落。

2. 区域文化分析

军屯文化：

军屯是“寓兵于农”的政策。新台子屯是新堡子村四个自然村之一，历经六百余年的风雨洗礼和历史更迭，依然保留着其戍边民族特有的民风习俗。新台子屯的百姓都是来自江浙一带的义务兵，当年其先祖跟随戚继光从江浙来到此地修筑长城，抵御外强。戍边将士与其家属在此建立村落，繁衍生息。

建筑文化：

新堡子村大部分老建筑采用的是囤顶形式，部分采用硬山顶，这也说明了村落在明朝时期就已有一定的发展，其建筑形式也一直沿用至今。囤顶民居的基本结构形式取自于硬山建筑，但从外观上看屋顶的曲度约为 10%，一般站在囤顶的正前方是很难察觉它的弯曲度，近似平屋顶。只有站在高处或是侧面观察才能看到它微微的弯曲，整体呈灰黑色。两边的山墙大约高出屋顶 400 毫米。

历史名人：

九门口古称一片石，洪武十四年，由大将徐达主持修建蓟镇长城，修筑长城后，一片石关被九门口关代替。明隆庆二年(1568 年)，戚继光从福建调任“总理蓟州、昌平、保定练兵事”，戚继光到任后，亲自勘察了九门口长城，对九门口长城进行了加固，并派兵驻守。李成梁担任辽东总兵、左都督时，于万历十五年（1587 年）来九门口巡视，并主持重修、加固了九门口以东区段的长城的敌楼等防御设施。1644 年，明末农民起义军领袖李自成与吴三桂所引清兵曾在九门口展开著名的“一片石之战”。

3. 场地分析

高程分析：

项目设计范围内最高点与最低点高差达到 41 米，65% 场地地势较为平坦，存在较小高差，保持在 2 米高差范围内，西侧场地地势较高，多为自然山体；东侧场地整体较为平坦，具有良好的地形优势，适宜开发，设计相关活动项目（图 2-171）。

图 2-168　深深 · 深宅铺装 2

图 2-169　深深 · 深宅植物选择 1

图 2-170　深深 · 深宅植物选择 2

坡度分析：
项目设计范围内高差较大，局部区域坡度较陡，最大坡度接近 90 度，60% 场地坡度保持在 15 度以内，同时以 20 度为分界，形成场地内明显的两大区域；坡度较缓区域等适合项目活动开展和工程建设（图 2-172）。

坡向分析：
项目范围内场地受周围自然山体和河流的影响，形成坐南朝北的布局，整体场地阴坡、半阴坡区域占到总体面积的 65%~70%，极少区域为阳坡或者半阳坡。因此场地内极少数的阳坡和半阳坡区域成为人群户外活动的主要区域，同时植物生长环境也更倾向于阴生（图 2-173）。

场地开发适宜度分析：
基于 GIS 的要素评估和叠加的方法，根据场地的现状条件选择敏感性因子，分析出各因子的敏感性的水平，综合考虑各因子影响，获得环境综合敏感图。因此开发适宜性的确定是以环境敏感性为基础，用于指导开发建设；高度、中度的敏感区应该加以保护，限制开发；开发建设应该多设置在敏感度较低的区域（图 2-174）。

空间集成度分析：
该组图表是利用 Depthmap（空间句法）软件，对新台子屯的建筑空间及道路轴线进行整体集成度分析所得出的结果，整体集成度表示节点与整个系统内所有节点联系的紧密程度。空间或轴线色彩暖色度越高（越接近红色），则集成度越高；冷色度越高（越接近蓝色），则集成度越低。整体集成度越高的地方，空间可达性越高。从图中可以看出，进入村落的道路及村内中央主路整体集成度最高，空间可达性最强，最适宜主题餐厅、主题民宿等消费空间的布置，同时也应当是景观重点打造的区域（图 2-175）。

4. 设计依据
《关于加强传统村落保护发展工作的指导意见》（住房和城乡建设部、文化部、财政部）
《关于做好中国传统村落保护项目实施工作的意见》（住房和城乡建设部、文化部、国家文物局）
《葫芦岛振勇台乡村旅游度假区策划与重点区域详细

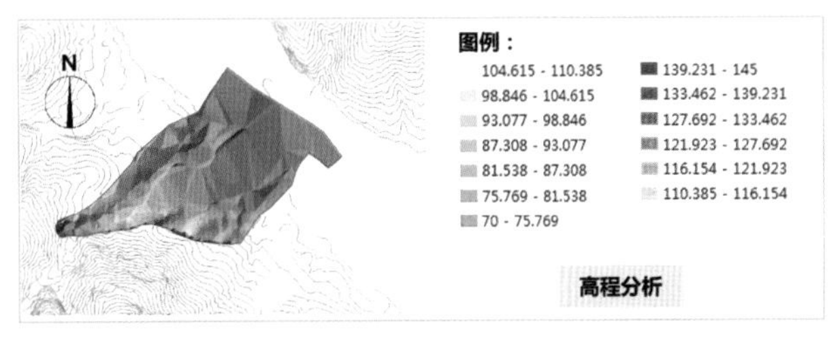

图 2-171　高程分析图

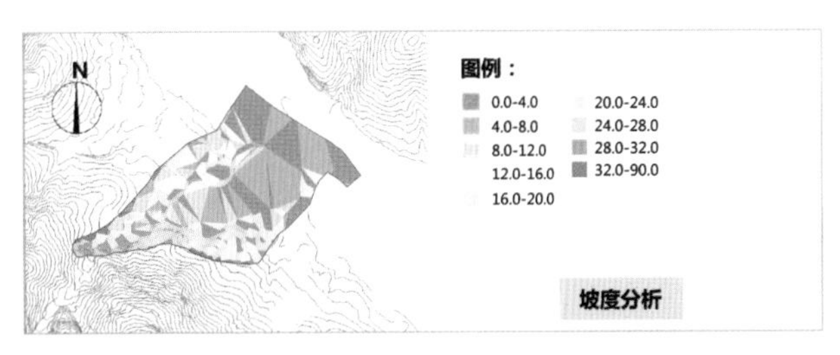

图 2-172　坡度分析图

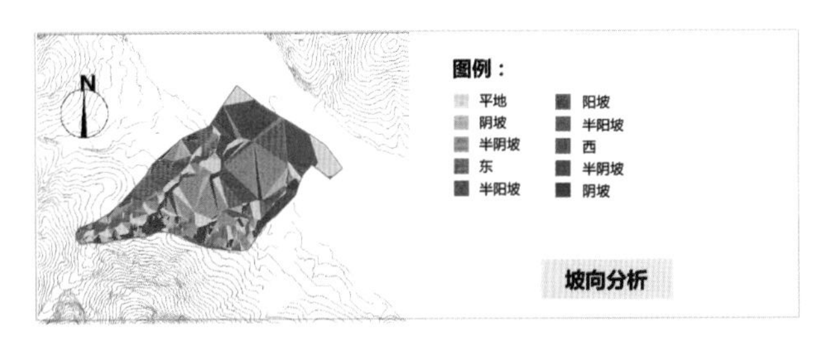

图 2-173　坡向分析图

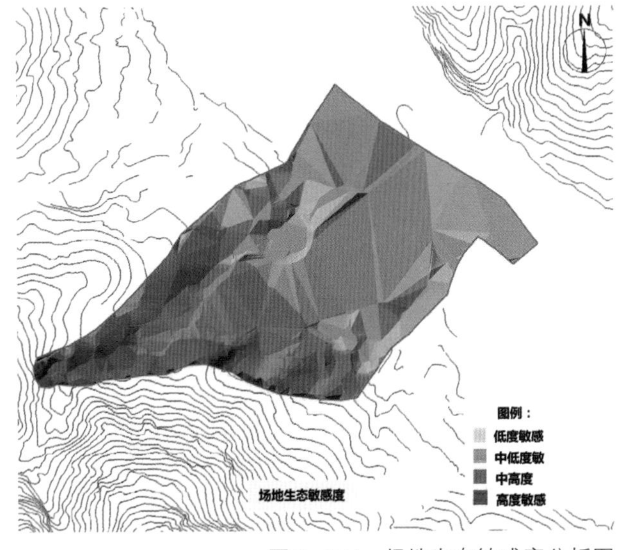

图 2-174　场地生态敏感度分析图

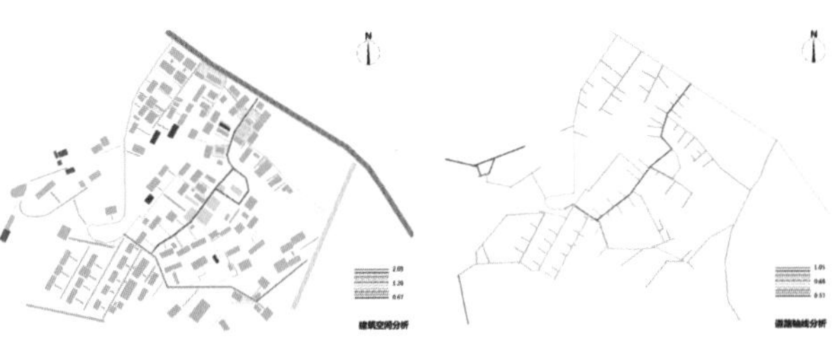
图 2-175　空间集成度分析图

设计》（上海同砚建筑规划设计有限公司）
《城市绿化条例》（1993）
《中华人民共和国建筑法》（1998）
《村庄与集镇规划建设管理条例》(国务院令1993.11.1实施)
《辽宁省村庄宜居乡村建设规划编制导则》（2014）
《辽宁省县域居民点布局规划编制导则》（2008）
《居住区环境景观设计导则》(2006)
《围墙大门》（03J001）
《环境景观——滨水工程》（10J012-4）
《环境景观——室外工程细部构造》（03J012-1）
《园林古建工程技术操作规程》
甲方提供的相关文件资料、图纸等
现场踏勘与交流获得的有关信息和网络查询得到的图文资料。

5. 设计原则

生态性——实行环境友好的绿色发展，尊重场地的生态基础，运用科学方法分析场地环境能量及开发敏感度，以科学为指导，构建绿色友好的生活环境，实现场地的可持续发展。

生活性——再造和谐自主的宜居家园，尊重历史、尊重风俗、尊重主人，以旅游开发为手段，以居民增收为目的，再现京东首关繁华、热闹的商业氛围，再造生活气息浓厚的和谐宜居家园。

文化性——传承独具特色的区域文化，重视文化的感染力和吸引力，充分展示、传承场地特有的军屯文化、建筑文化，以及延续千百年的特有民风民俗。

经济性——首选本地建筑材料及乡土植物，重视景观的耐久性，降低后期维护成本，从各个环节控制资金支出。

6. 设计说明

本项目以军屯文化为主题，打造出明朝时期戍边屯田的原始村落景观，再现“京东首关”繁华热闹的商业氛围。使新台子屯成为集旅游服务、民宿体验、乡村休闲为一体的边塞文化特色村。主要景点有游客服务中心、主题餐厅、主题民宿、烽火台、铁匠铺、碾坊、村史馆、跑马场、古井、军屯风格水库等（图2-176）。

7. 道路设计

村落内部有主路和支路 2 种级别 4 种路面类型（图2-177）。主路有花岗岩板路面和土路两种路面形式;支路有块石路面、水泥路面和土路面 3 种路面形式。其中，花岗岩板路面为新修路面，质量较好，但形式单一，缺乏美感。为了使村落道路更符合古香古色的传统村落风格，对原主路花岗岩铺装以火烧工艺做旧处理，路中设计一条水系（图 2-178）。支路铺设黄色系和红色系自然块石（图 2-179），构成村落独具特色的铺装形式。

8. 景观节点设计

（1）主题餐厅设计:

图 2-180、图 2-181 是主题餐厅的平面图和效果图。

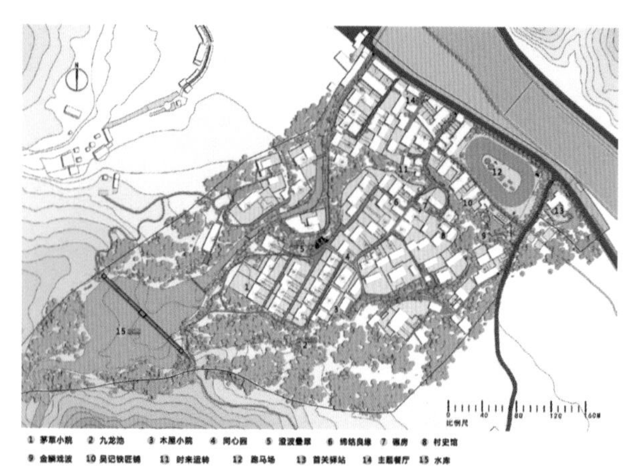

图 2-176 平面图

图 2-177 村落道路现状分析图

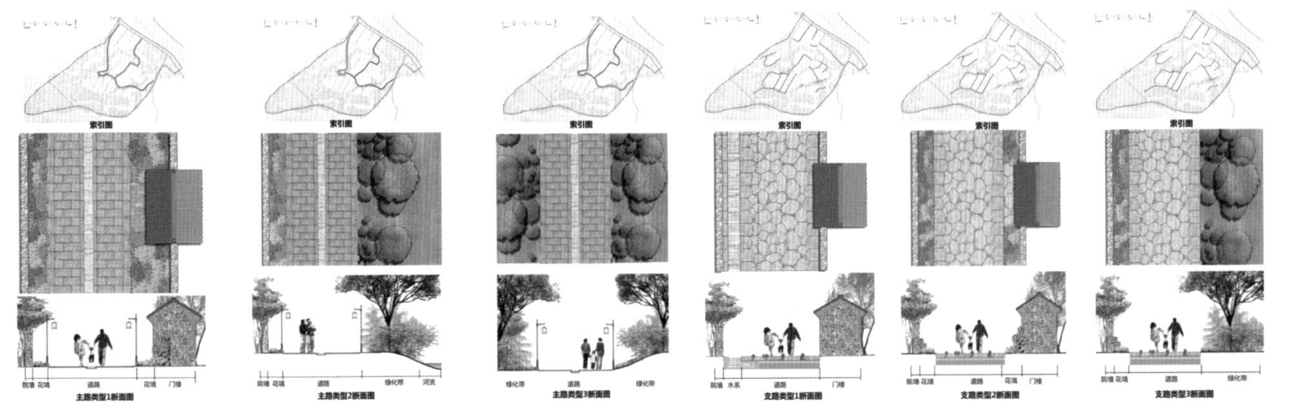

图 2-178　主路平面、断面图

图 2-179　支路平面、断面图

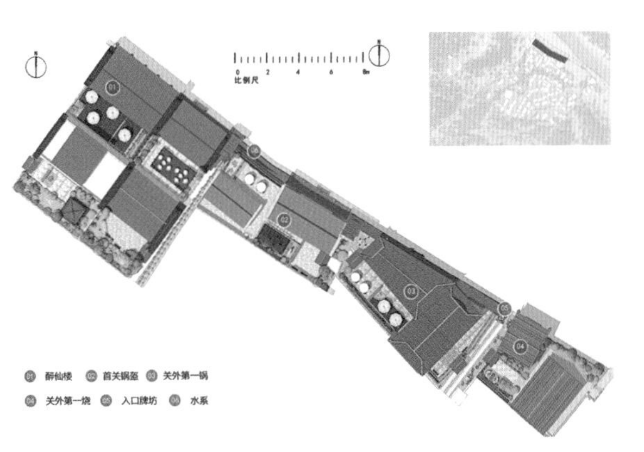

图 2-180　主题餐厅平面图

图 2-181　关外第一烧效果图

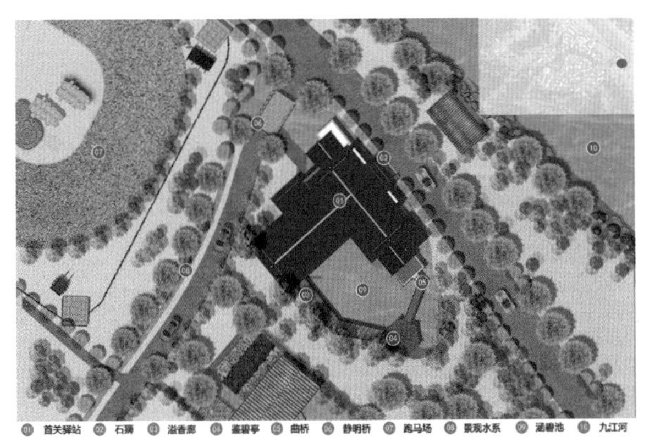

图 2-182　游客服务中心平面图

图 2-183　首关驿站效果图

（2）游客服务中心设计：
图 2-182、图 2-183 是游客服务中心的效果图。

（3）中心绿化带设计：
图 2-184、图 2-185 是中心绿化带的平面图和剖面图。

9. 景观水系设计
图 2-186 至图 2-189 是景观水系平面图，金鳞戏波平面图、效果图，瀑布平面、立面、剖面图、效果图。

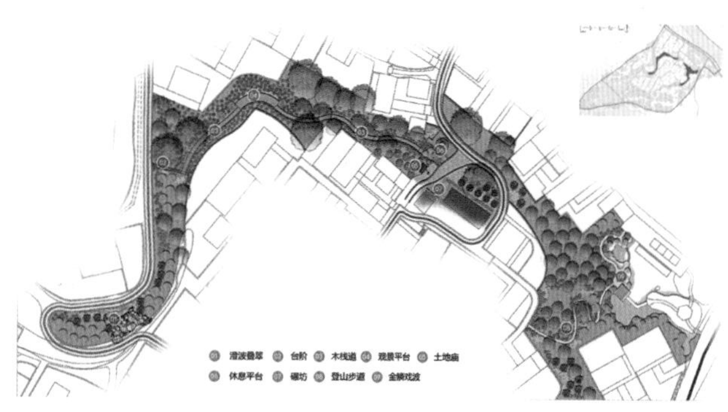

图 2-184 中心绿化带平面图

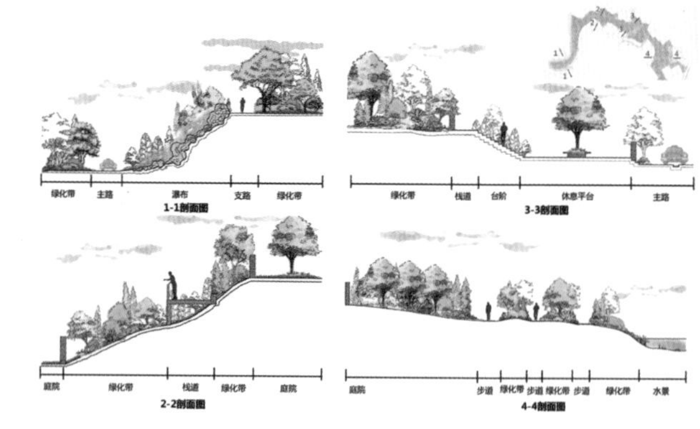

图 2-185 中心绿化带剖面图

位置索引图

图 2-186 景观水系设计平面图

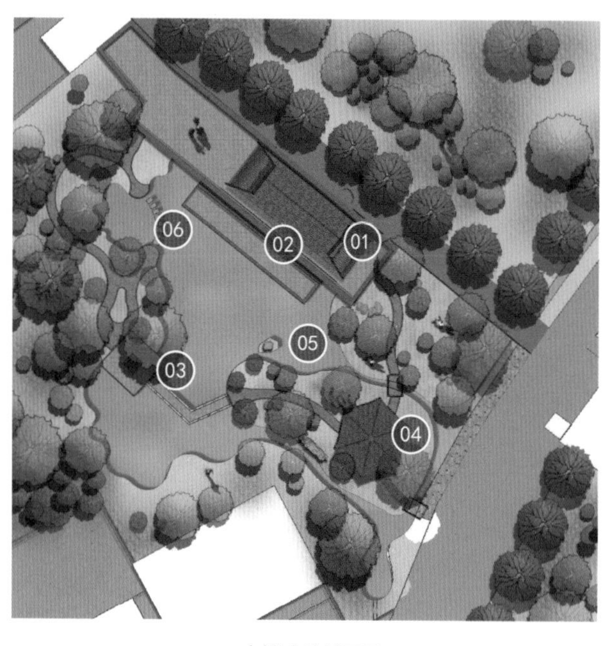

金鳞戏波平面图

01 春来轩  02 金鳞戏波  03 涵碧台

04 荷风四面  05 冠云落影 06 凌波信步

图 2-187 金鳞戏波平面图

图 2-188 金鳞戏波鸟瞰图

图 2-189 春来轩效果图

10. 植物选择

植物种类选择有乔木、落叶灌木、水生植物、花卉地被（图 2-190）。

乔木

杨树　榆树　国槐　李子树　杏树　梨树　桃树　榆树

苹果树　黑枣　核桃　油松　云杉

落叶灌木

珍珠绣线菊　蔷薇　重瓣榆叶梅　茶条槭　金叶连翘　金银忍冬　木槿　连翘

爬藤植物

藤本月季　葡萄　五叶地锦

水生植物

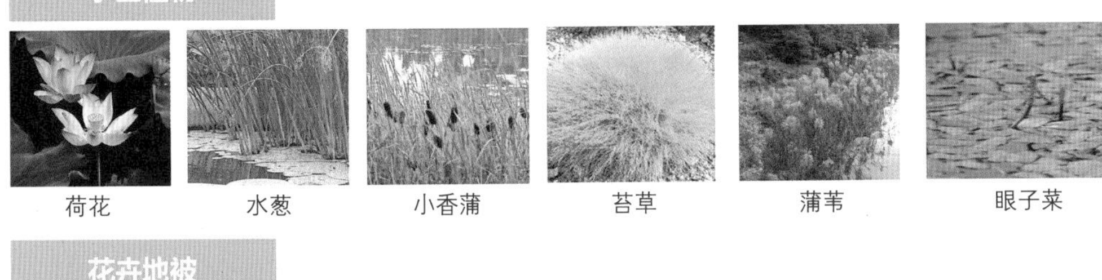

荷花　水葱　小香蒲　苔草　蒲苇　眼子菜

花卉地被

大花萱草　地被菊　蜀葵　波斯菊　马莲　鸢尾

美人蕉　八宝景天　荷包牡丹　常夏石竹

图 2-190　植物设计

（三）设计知识点

1. 乡村景观概念

乡村景观是具有特定景观行为、形态和内涵的景观类型，是聚落形态由分散的农舍到能够提供生产和生活服务功能的集镇所代表的地区，是土地利用粗放、人口密度较小、具有明显田园特征的地区（图 2-191）。

2. 乡村景观构成和特征

乡村景观构成：

乡村景观是由乡村聚落景观（图 2-192）、乡村经济景观、乡村文化景观和乡村自然环境景观构成的景观环境综合体。

乡村景观特征：

（1）景观类型多样性：

乡村景观既包含了森林、河流、农田、果园和草地等丰富的自然景观，又有居民点、工业、商业、道路等人工景观。

（2）地域差异性：

因各地区自然条件、气候类型和地貌类型的差异，形成了各地独有的建筑风格和地方特色，乡村景观具有浓郁的地方风情和风土特色。

（3）景观功能多样化：

乡村景观具有生产功能、文化保护功能、旅游观光功能（图 2-193）、环境服务功能等。

3. 乡村景观构成要素分析

乡村景观是由自然要素和人文要素综合构成的，自然与人类活动之间长期的相互作用形成了独特的乡村景观（图 2-194），也就决定了其是以自然景观为基础，以人文因素为主导的人类文化与自然环境相结合的景观综合体。

自然要素：

乡村景观的自然环境要素主要包括气候、地质、地形地貌、土壤、水文和动物、植物等要素，它们的有机结合构成了自然环境的综合体。

人为景观要素：

人为景观要素主要是指人类在改造自然过程中，为满足自身的需要对自然景观要素的改造所产生的，半自然半人工景观或在自然景观基础上建造的人工景观。人为景观主要包括农村聚落和建筑、农业景观、交通道路、乡村工农业生产、农田基本建设和灌溉水利设施、乡村居民的娱乐生活设施等。

图 2-191　哈尼村落

图 2-192　福建土楼

图 2-193　浙江安吉鲁家村乡村旅游

图 2-194　新疆喀纳斯图瓦村

图 2-195　太平坝乡民俗文化节目——回马车

图 2-196　海南定安“百里白村”

图 2-197　四川省三台县龙树镇乡村大地景观

图 2-198　杭州富阳东梓关村景墙

文化环境要素：

乡村景观的文化环境要素是指人类在与自然之间长期的相互作用过程中，逐渐形成的民俗文化、社会道德观、价值观和审美观等，具体来说包括道德观念、生活习惯、风土人情（图 2-195）、生产观念、行为方式、宗教信仰和社会制度等多个方面。

4. 乡村景观影响要素分析

乡村景观受自然因素、人文因素、经济因素、社会因素的综合影响。

5. 乡村景观设计要点

（1）空间营造：

“点”：

乡村景观的“点”状空间是由乡村民居院落空间构成的，在乡村庭园空间的营造上结合乡土民情，布置有当地特色的设施景观。

“线”：

乡村景观的线性空间是由道路组成的，乡村道路是依自然环境而形成，在道路设计时考虑景观的多样性，做到步移景异（图 2-196）。

“面”：

乡村景观的“面”状空间是农田、鱼塘等自然作物景观组成的。合理地根据农作物的特点，四季植物色彩变化，形成乡村大地景观（图 2-197）。

（2）景观细部：

建筑外立面及景墙改造：

建筑外立面及景墙改造在原有建筑和景墙础上增加地域特色和乡村文化的元素，尊重场地文化（图 2-198）。

配套设施及雕塑小品设计：

配套设计和雕塑小品的风格与当地特色相一致，选择当地的材料设计。

标识系统设计：

村落标识系统主要设置在乡村的入口、道路两侧，起到提示、指示、说明的作用。标识牌的色彩配置、体量和材料的选择要结合当地乡村的特点。

植物设计：

植物选择易于生长的乡土树种，打造乡野的植物景观。

（四）项目认知实践

在案例分析基础上，结合乡村景观的设计知识点，由老师带领学生对乡村进行实地考察。主要任务和设计成果要求如下：

任务一：对考察的景观场地分析与测量

学生去辽宁省某乡村考察，实地现场考察和测量，详细记录各景观构成元素。

任务二：对考察项目背景资料收集和整理

学生对某乡村进行自然、历史、人文考察。把考察的资料进行整理，对某乡村的空间布局、植物配置、道路设计等进行分析。总结出乡村景观设计的设计元素、空间布局特点、功能区划分、设计要点等。

任务三：提出设计理念和概念草图

学生根据对某乡村的现场考察，以及对乡村环境现状和历史背景，人文资料的收集，通过手绘制作某乡村的道路设计、景观细部设计和标识系统设计，最后形成概念构思草图。

任务四：方案设计与效果表现

学生在老师指导下完成方案设计平面图、竖向设计图、效果图等，制订出详细的设计方案。手绘和电脑辅助制图均可。

任务五：完成设计作品和排版展示

学生最后设计成果形成 A3 文本形式提交，同时形成 A0 展板全班进行教学成果展示（图 2-199）。

图 2-199　学生设计作业排版展示

（五）实训作业

1. 设计主题

乡村景观提升设计

2. 设计图解

该设计属于北方某乡村景观提升设计，场地道路空间界面缺少景观性，建筑院墙陈旧，缺少公共活动空间，植物缺乏层次感。设计范围如图中红色虚线所示（图2-200），根据要求对该乡村景观进行提升设计。

3. 设计要求

设计形式要符合乡村景观设计要求，从生态性、地域性、功能性、经济性几方面考虑乡村景观设计。

4. 图纸要求（A2图纸两张）:

（1）设计说明（简要说明200～300字）;

（2）总平面图（比例尺 1：500，手绘，工具不限）;

（3）交通及功能分析图（比例尺 1：800，手绘，工具不限）;

（4）主要立面图（比例尺自定，手绘，工具不限）;

（5）局部效果图（主要景点效果图两张，彩色手绘，表现技法及工具不限）。

其中（1）、（2）、（3）使用一张图纸，（4）、（5）使用一张图纸。

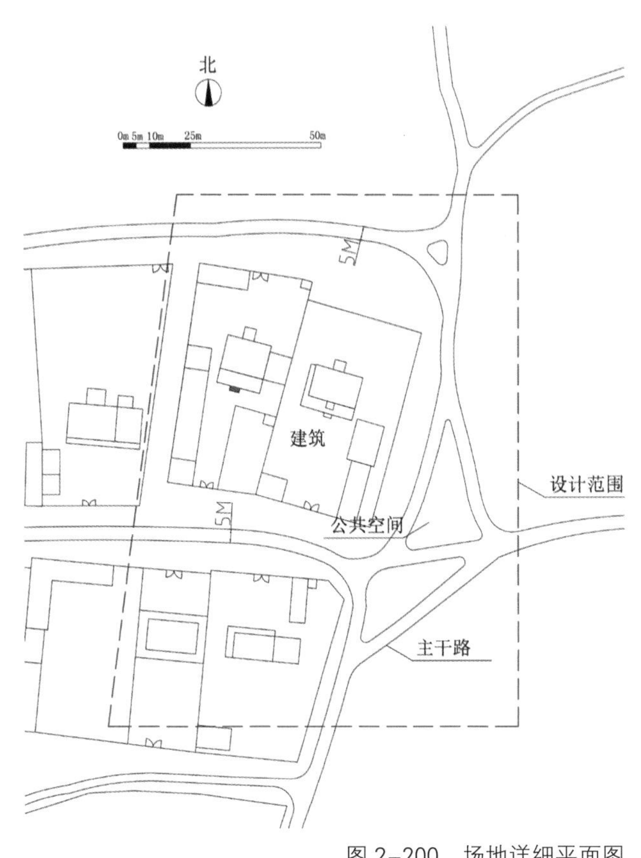

图 2-200　场地详细平面图

第三章

景观设计作品欣赏与分析

本章展示国内外景观设计大师的作品，我们可以了解本专业的发展动态及趋势，打开眼界，走出自己狭小的生活环境，对景观设计有个全新的了解和认知。结合对世界各国主要景观特点逐一分析，进一步研究目前东西方主要景观设计的现状和特点，知道中西方景观设计在文化、设计理念和人群追求感受上的区别。本章展示的国外和国内学生获奖作品可以使我们了解国际国内设计大赛的要求和前沿设计深度，通过优秀作品快速地了解景观设计内涵和理念，尽快让国内景观设计与世界同步。

本章课程内容包括：

一、国内外景观设计大师作品欣赏

二、世界各国景观设计特点分析

三、学生优秀作品欣赏

一、国内外景观设计大师作品欣赏

本章主要介绍国内外对景观设计学科有突出贡献或某一设计思潮的代表人物，分二十世纪和当代两个发展时期进行介绍，而且是国内和国际不同时期分别简要介绍景观设计师，所选作品多是有好评的经典之作。

（一）20 世纪影响世界的国际景观设计师与作品

1. 唐纳德（Christopher Tunnard，1910—1979）

英国景观设计师，于 1938 年完成《现代景观中的园林》（Gardens in the Modern Landscape）一书，书中指出现代景观设计的三个方面，即功能的、移情的和艺术的。在他的设计作品中，主要注重框景和透视线的运用。其代表设计作品是 1935 年设计的名为“本特利树林”（Bentley Wood）住宅花园和 St. Ann’s Hill 住宅花园（图 3-1、图 3-2）。

2. 斯蒂里（Fletcher Steele，1885—1971）

美国景观设计师，他的作品多是为上流社会设计的，倾向于吸取“意大利派”和“学院派”设计的源泉。代表设计作品是乔埃特的庄园瑙姆科吉（Naumkeag）中一系列的小花园设计，是 20 世纪早期的经典作品（图 3-3 至图 3-5）。

3. 托马斯 · 丘奇（Thomas Church，1902—1978）

美国现代园林的开拓者。他从 20 世纪 30 年代后期开始，在美国西海岸营造一种不同以往的私人花园风格，这种带有露天木制平台、游泳池、不规则种植区域和动态平面的小花园为人们创造了户外生活的新方式，被称之为“加州花园”（California Garden），开创了美国西海岸现代园林风格（图 3-6 至图 3-8）。

4. 劳伦斯 · 哈普林（Lawrence Halprin，1916—2009）

美国著名风景园林师，他的代表作品最为出名的是西雅图高速公路公园。1948 年哈普林作为合作者参与了托马斯 · 丘奇的标志性作品之——唐纳花园（Dewey Donnell Garden）的设计。

图 3-1　住宅花园 1

图 3-2　住宅花园 2

图 3-3　小花园设计 1

图 3-4　小花园设计 2

图 3-5　小花园设计 3

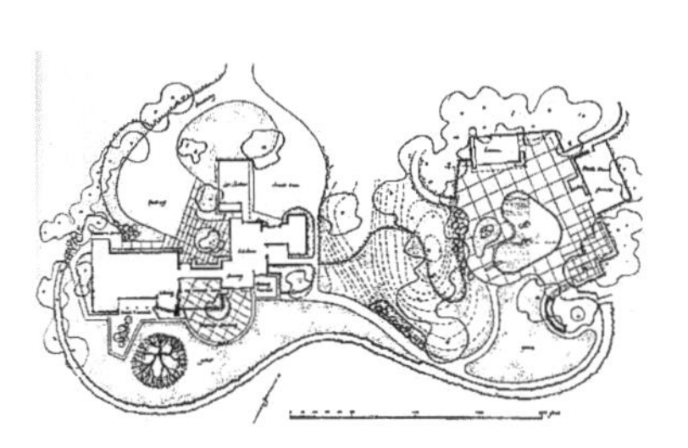

图 3-6　私人花园 1

图 3-7　私人花园 2

图 3-8　私人花园 3

图 3-9　罗斯福纪念公园 1

图 3-10　罗斯福纪念公园 2

图 3-11　罗斯福纪念公园 3

图 3-12　中山陵园 1

图 3-13　中山陵园 2

图 3-14　南京园林 1

哈普林还是“二战”后美国一位有思想的设计师和重要的理论家之一。他的代表作——罗斯福纪念公园（图 3-9 至图 3-11）就反映了他独特的、开创性的思想。

（二）20世纪中国景观设计师与作品

1. 陈植（1899—1989）

上海崇明人，1899 年 6 月 1 日出生。是我国杰出的造园学家和近代造园学的奠基人，与陈俊愉院士、陈从周教授一起并称为“中国园林三陈”。毕生致力于林业科学教育和林业、造园学遗产的研究。他在造园艺术方面的论著奠定了中国造园学的基础；在研究中国林业遗产及造园史料方面，成绩卓著，国内外影响深远。1926—1932 年担任近代重大工程中山陵园计划委员会委员（图 3-12、图 3-13）。1929 年受农矿部委托制订我国第一个国家公园规划《国立太湖公园计划》。陈植教授积极倡导和研究我国造园学历史和理论，1928 年编写《都市与公园论》，1932 年编著我国近代第一本造园学专著《造园学概论》。致力于弘扬中国造园历史和遗产的研究，为我国最早的造园专著《园冶》进行注释；集毕生心血撰著《中国造园史》于 2006 年 8 月出版。

2. 朱有玠（1919—2015）

1919 年 4 月出生，浙江黄岩人。1945 年毕业于金陵大学农学院园艺系。1989 年，国家建设部授予设计大师称号。朱有玠曾著有《中国民族形式园林创作方法的研究》《“园林”名称溯源》《南朝园林初探》等论文，主持设计的“南京园林药物园蔓园及药物花景区（图 3-14 至图 3-16）”于 1984 年获国家优秀设计奖。

图 3-15　南京园林 2

图 3-16　南京园林 3

3. 冯纪忠（1915—2009）

河南开封人，是中国著名建筑学家、建筑师和建筑教育家，中国现代建筑奠基人，也是我国城市规划专业以及风景园林专业的创始人、我国第一位美国建筑师协会荣誉院士、首届中国建筑传媒奖“杰出成就奖”得主。曾任同济大学建筑与城市规划学院名誉院长。冯纪忠先后参加了当时南京的都市规划及解放后的上海都市规划，设计了武汉“东湖客舍”“武汉医院”（现同济医学院附属医院）主楼等在业内产生重大影响的建筑，并在同济大学创办了中国第一个城市规划专业以及风景园林专业。20 世纪 70 年代末期，冯纪忠规划设计了松江方塔园（图 3-17 至图 3-19）。

4. 陈从周（1918—2000）

浙江杭州人，古代建筑园林专家。陈从周先生早年学习文史；后专门从事古建筑、园林艺术的教学和研究，成绩卓著；对国画和诗文亦有研究。主要著作有《扬州园林》《园林谈丛》《说园》《上海近代建筑史稿》《说“屏”》等。1978 年，曾赴美国纽约为大都会博物馆设计园林 " 明轩 "（图 3-20）。1978 年，设计并主持施工上海豫园东部园林的复园工程。陈从周先生还参与了大量实际工程的设计建造，如设计修复了豫园东部（图 3-21）、龙华塔、宁波天一阁、如皋水绘园（图 3-22）。成为将中国园林艺术推向世界之现代第一人。

5. 孙筱祥（1921—2018）

浙江萧山人。北京林业大学园林学院园林设计研究室主任，教授，北京林业大学深圳市北林苑景观规划设计院荣誉院长、首席顾问总设计师。国际风景园林师联合会 (IFLA) 总理事会个人理事，北美风景园林教师理事会通讯理事，建设部风景名胜专家顾问，杭州市城市规划专家咨询委员会委员，中国科学院植物研究所北京植物园顾问，中国科学院西双版纳热带植物园总设计师、顾问，中国建筑工业出版社专家顾问，浙江绿城园林有限公司首席高级顾问。荣获 2014 国际风景园林师联合会（IFLA）杰弗里 · 杰里科爵士金质奖，是中国首位获此殊荣的风景园林师。

图 3-17　上海方塔园 1

图 3-18　上海方塔园 2

图 3-19　上海方塔园 3

图 3-20　美国大都会博物馆内“明轩”

图 3-21　上海豫园东部景点

图 3-22　江苏省南通市如皋水绘园

图 3-23 杭州西湖花港观鱼公园 1

图 3-24 杭州西湖花港观鱼公园 2

图 3-25 杭州西湖花港观鱼公园 3

图 3-26 杭州植物园 1

图 3-27 杭州植物园 2

图 3-28 深圳仙湖植物园

图 3-29 上海大观园 1

图 3-30 上海大观园 2

图 3-31 上海大观园 3

主要设计作品有杭州花港观鱼公园设计（图 3-23 至图 3-25），杭州植物园规划设计（图 3-26、图 3-27），北京植物园（南、北园）总规划，华南植物园规划设计，厦门万石植物园规划设计，深圳仙湖植物园规划设计（图 3-28），北京丰台公园设计，中科院北京植物园木兰牡丹园设计，海口市金牛岭瀑布公园设计等。

6. 吴振千（1929— ）

上海市嘉定人。1946 年考入复旦大学农学院园艺系，1950 年毕业后终身服务于他钟爱的园林事业。曾任上海市园林管理局局长兼总工程师，是著名的风景园林业界的前辈，也是上海园林绿化事业辛勤的实践者和领军人。1978 年，吴振千先生负责在淀山湖畔兴建以“红楼梦”为主题的大型主题公园—上海大观园（图 3-29 至图 3-31）。

7. 孟兆祯（1932— ）

风景园林规划与设计教育家。湖北省武汉市人。现任北京林业大学教授、博士生导师，建设部风景园林专家委员会副主任，1999 年当选为中国工程院院士。负责设计的深圳植物园（图 3-32 至图 3-35）获深圳市 1993 年唯一的园林设计一等奖，与中国风景园林设计中心共同完成了北京奥林匹克公园林泉高致假山设计。

图 3-32　深圳植物园 1

图 3-33　深圳植物园 2

图 3-34　深圳植物园 3

图 3-35　深圳植物园 4

（三）当代有影响力的国际景观设计师与作品

1. 彼得 · 沃克（Peter walker）

1932 年生，当代国际知名景观设计师，“极简主义”设计代表人物，他最著名的著作是与梅拉尼 · 西蒙合作完成的《看不见的花园：寻找美国景观的现代主义》。他的代表作品有哈佛大学唐纳喷泉（图 3-36）、柏林索尼中心（图 3-37）、日本 · 玉广场和美国 IBM 索拉纳园区（图 3-38）等。

2. 玛莎 · 舒瓦茨（Martha Schwartz）

1950 年生，美国景观设计师。她以其在景观设计中对新的表现形式的探索而著称。主要代表作品有爱尔兰都柏林大运河广场（图 3-39、图 3-40）、叙利亚首都大马士革儿童探索中心、美国亚利桑那州梅萨艺术中心（图 3-41、图 3-42）等很多项目。

图 3-36　唐纳喷泉

图 3-37　柏林索尼中心

图 3-38　美国 IBM 索拉纳园区

图 3-39　都柏林大运河广场 1

图 3-40　都柏林大运河广场 2

图 3-41　美国亚利桑那州梅萨艺术中心 1

图 3-42　美国亚利桑那州梅萨艺术中心 2

图 3-43　巴黎拉维列特公园 1

图 3-44　巴黎拉维列特公园 2

图 3-45　巴黎拉维列特公园 3

图 3-46　巴黎拉维列特公园 4

图 3-47　佐佐木叶二作品 1

图 3-48　佐佐木叶二作品 2

图 3-49　佐佐木叶二作品 3

3. 伯纳德 · 屈米（Bernard Tschumi）

1944 年出生于瑞士，世界著名建筑评论家、设计师，是“解构主义”代表人物。他著名的设计项目包括巴黎拉维列特公园（图 3-43 至图 3-46）、东京歌剧院、德国 Karlsruhe 媒体传播中心以及哥伦比亚学生活动中心等。

4. 佐佐木叶二

1947 年出生于日本奈良。现任京都造型艺术大学教授，神户大学工学部兼职讲师，“凤”环境设计研究所所长、技术士、一级建筑师。主要代表作品有琦玉新都心榉树广场、NTT 武藏野研究开发中心总部（图 3-47 至图 3-50）等。

（四）当代中国有影响力的景观设计师与作品

当代中国的景观设计事业迅速发展，在文化多元融合、多学科交叉呈现的背景下，涌现出了一批优秀设计师，且大多数都有海外留学经历，无论是在当代景观设计理论研究方面，还是在景观设计实践方面都取得了优异的成绩。

1. 俞孔坚

1963 年出生于浙江金华，哈佛大学设计学博士，长江学者特聘教授，北京大学建筑与景观设计学院院长，教授，博士生导师，北京土人景观与建筑规划设计研究院首席设计师。主要代表作品有哈尔滨群力国家城市湿地公园、秦皇岛汤河公园（图 3-51）、中山岐江公园、上海世博后滩公园（图 3-52）等。

2. 刘滨谊

1957 年生。同济大学建筑城市规划学院景观建筑学与旅游系主任，教授，博士生导师。发表《风景景观工程体系化》《图解人类景观——环境塑造史论》《现代景观规划设计》等多部专著、译著。主要作品有内蒙古自治区成吉思汗陵园旅游区旅游发展规划（图 3-53）、新疆喀纳斯湖旅游规划、上海佘山国家级旅游度假区核心区规划（图 3-54）、南京玄武湖景观旅游区总体规划（图 3-55）等。

3. 朱育帆

1997 年毕业于北京林业大学风景园林规划与设计专业，获工学博士学位。2000 年起在清华大学建筑学院景观园林研究所任教。主要设计作品有中央美院校园环境规划与设计、北京金融街北顺城街 13 号四合院改造、北京 CBD 现代艺术中心公园景观设计（图 3-56）、北京奥林匹克公园景观设计、北京香山 81 号院住区景观设计（图 3-57）、青海省国家级爱国主义教育基地景观设计、上海市辰山植物园矿坑花园景观设计（图 3-58）等。

4. 陈跃中

易兰 (ECOLAND) 规划设计事务所总裁兼首席设计师，美国注册景观建筑师，美国城市土地研究院会员，美国环境景观协会及美国旅游发展协会会员，清华大学、北京大学房地产 EMBA 客座教授，“大景观”概念的提出者。主要设计作品有 2010 上海世博会中国园“亩中山水”（图 3-59）、

图 3-50　佐佐木叶二作品 4

图 3-51　秦皇岛汤河公园

图 3-52　上海后滩公园

图 3-53　成吉思汗陵园

图 3-54　上海佘山国家级旅游度假区核心区规划

图 3-55　南京玄武湖景观旅游区总体规划

图 3-56　北京 CBD 现代艺术中心公园

图 3-57　北京香山 81 号院住区

图 3-58　上海市辰山植物园矿坑花园

图 3-59　2010 上海世博会中国园“亩中山水”

图 3-60　固安中央公园

图 3-61　北京野鸭湖国家湿地生态公园

图 3-62　海南博鳌亚洲论坛会议中心

图 3-63　北京燕京八景金台夕照广场

图 3-64　南京绿城玫瑰园

图 3-65　麓湖生态城云朵乐园

图 3-66　安吉桃花源鲸奇谷 1

图 3-67　安吉桃花源鲸奇谷 2

固安中央公园（图 3-60）、海南三亚南山文化旅游区、北京望京 SOHO、金沙湖生态旅游区、北京野鸭湖国家湿地生态公园（图 3-61）等。

5. 马晓伟

意格国际创始人及总裁、上海市景观学会理事、清华大学研修班客座教授、美国明尼苏达大学建筑与景观设计学院董事会董事。曾任职于北京理工大学工业设计系、明尼阿波利斯市 Ellerbe Becket 事务所、波士顿 Sasaki Associates 事务所等知名景观设计公司。2001 年归国后主持设计的作品包括海南博鳌亚洲论坛会议中心（图 3-62）、长沙绿城青竹园、上海古北臻园、北京燕京八景金台夕照广场（图 3-63）、南京绿城玫瑰园（图 3-64）、北京香江别墅、上海陶氏化学总部基地等。

6. 张东

毕业于重庆大学建筑学院风景园林专业，之后赴美国马萨诸塞大学学习，取得景观设计硕士学位。曾任职于北京土人景观、北京 EDSA 东方、美国 SSA 和 MSI 景观设计事务所。2009 年与唐子颖在上海创建张唐景观事务所，并创立了艺术工作室及自然工作室。主要设计作品有麓湖生态城云朵乐园（图 3-65）、苏州苏南万科 · 公园里、苏州中航樾园内庭院、富力十号、良渚村民公园、安吉桃花源鲸奇谷（图 3-66、图 3-67）、杭州良渚劝学公园等。

7. 王向荣

1963 年生，北京林业大学园林学院教授、博士生导师、副院长、

图 3-68　西安世园会大师园

图 3-69　无锡长广溪国家湿地公园

图 3-70　厦门海湾公园

图 3-71　大梅沙海滨公园

图 3-72　深圳仙湖植物园

图 3-73　欢乐谷主题公园

风景园林规划与设计学科负责人，中国风景园林学会理事，《中国园林》学刊副主编，北京多仪景观规划设计研究中心主持设计师。主要规划设计作品有西安世园会大师园——“四盒园”（又被称作“春夏秋冬园”）（图 3-68）、“新加坡花园节”作品“心灵的花园”、无锡长广溪国家湿地公园（图 3-69）、厦门海湾公园（图 3-70）等。

8. 何昉

1962 年出生于江苏扬州市，现任深圳市北林苑景观及建筑规划设计院有限公司院长，主持完成了大梅沙海滨公园（图 3-71）、深圳中心公园、深圳莲花山公园、深圳仙湖植物园（图 3-72）、欢乐谷主题公园景观设计（图 3-73）、深圳水土保持科技示范园、东莞万科棠樾环境设计等 1000 多个项目，其中获国内外奖 50 多项。

二、世界各国景观设计特点分析

东方景观设计主要介绍中国古典园林与现代景观设计特点，以及日本、韩国景观设计的特点；西方景观设计主要简要介绍美国和英国的景观设计特点。

（一）中国古典园林设计

中国古典园林由于受传统文化的影响，形成自身特有的美学思想，体现“崇尚自然，师法自然”的审美价值，中国古典园林讲究“诗情画意”的“意境”特色。苏州园林中的狮子林、拙政园、留园、沧浪亭均被列入世界遗产名录。

1. 沧浪亭

位于苏州城南三元坊内，是苏州最古老的一所园林，为北宋庆历年间（1041-1048 年）诗人苏舜钦（字子美）所筑，南宋初年曾为名将韩世忠宅（图 3-74、图 3-75）。

2. 留园

坐落在苏州市阊门外，原为明代徐时泰的东园，清光绪二年为盛旭人所据，始称留园。以园内建筑布置精巧、奇石众多而知名。与苏州拙政园、北京颐和园、承德避暑山庄并称中国四大名园（图 3-76 至图 3-79）。

3. 狮子林

因园内“林有竹万，竹下多怪石，状如狻猊（狮子）者”，又因天如禅师维则得法于浙江天目山狮子岩普应国师中峰，为纪念佛徒衣钵、师承关系，取佛经中狮子座之意，故名“狮子林”（图 3-80 至图 3-83）。

4. 拙政园

位于苏州娄门内的东北街，始建于明朝正德年间（1506-1521 年），是苏州最大的一处园林，也是苏州园林的代表作。拙政园布局主题以水为中心，池水面积约占总面积的五分之一，各种亭台轩榭多临水而筑（图 3-84 至图 3-87）。

图 3-74 沧浪亭 1

图 3-75 沧浪亭 2

图 3-76 留园 1

图 3-77 留园 2

图 3-78 留园 3

图 3-79 留园 4

图 3-80 狮子林 1

图 3-81 狮子林 2

图 3-82 狮子林 3

图 3-83　狮子林 4

图 3-84　拙政园 1

图 3-85　拙政园 2

图 3-86　拙政园 3

图 3-87　拙政园 4

图 3-88　哈尔滨群力国家城市湿地公园 1

图 3-89　哈尔滨群力国家城市湿地公园 2

（二）中国现代景观设计

中国现代园林是对中国传统园林的继承与发展。随着科技的发展，人们对自然的认识逐渐深入，现代园林应发扬尊重自然的园林传统，并改变只注重自然形态而忽视自然功能的形式主义手法。现代园林设计以自然为主体，是依据自然规律对遭到破坏的自然进行人工整治，或减少对自然的人为干扰，形成具有自然活力的人类活动空间。

1. 哈尔滨群力国家城市湿地公园

该公园是由北京土人景观与建筑规划设计研究院承担设计的我国第一个雨洪公园。公园占地 34 公顷。场地原为湿地，但由于周边的道路建设和高密度城市的发展，导致该湿地面临水源枯竭，并有将要消失的危险。设计策略是利用城市雨洪，恢复湿地系统，营造出具有多种生态服务的城市生态基础设施。建成的雨洪公园，不但为防止城市涝灾做出了贡献，同时为新区城市居民提供优美的游憩场所和多种生态体验。并使昔日的湿地得到了恢复和改善。该项目成为一个城市生态设计、城市雨洪管理和景观城市主义设计的优秀典范（图 3-88、图 3-89）。

图 3-90　奥林匹克森林公园 1

图 3-91　奥林匹克森林公园 2

图 3-92　奥林匹克森林公园 3

图 3-93　龙安寺枯山水庭院 1

图 3-94　龙安寺枯山水庭院 2

图 3-95　龙安寺枯山水庭院 3

2. 奥林匹克森林公园

奥林匹克森林公园在贯穿北京南北的中轴线北端，位于奥林匹克公园的北区，是目前北京市规划建设中最大的城市公园，让这条城市轴线得以延续，并使它完美地融入自然山水之中。这里被称为第 29 届奥运会的“后花园”，赛后则成为北京市民的自然景观游览区（图 3-90 至图 3-92）。

（三）日本现代景观设计

日本园林设计中“伤春感秋情绪严重”。树木、岩石、天空、土地等寥寥数笔即蕴含着极深寓意，在人们眼里它们就是海洋、山脉、岛屿、瀑布，一沙一世界，这样的园林无异于一种“精神园林”。这种园林发展臻于极致——乔灌木、小桥、岛屿甚至园林不可缺少的水体等造园惯用要素均被一一剔除，仅留下岩石、耙制的沙砾和自然生长于荫蔽处的一块块苔地，这便是典型的、流行至今的日本枯山水庭园的主要构成要素。而这种枯山水庭园对人精神的震撼力也是惊人的（图 3-93 至图 3-95）。

日本现代景观设计在继承传统文化的基础上，又大胆创新，在世界一体化的进程中不断寻找与现代工艺相融合的发展形势，逐步形成极具现代感与日本民族特色的现代景观（图 3-96 至图 3-98）。

图 3–96　日本公园 1

图 3–97　日本公园 2

图 3–98　日本公园 3

图 3–99　首尔清溪川广场 1

图 3–100　首尔清溪川广场 2

图 3–101　首尔清溪川广场 3

图 3–102　西首尔溪水公园 1

图 3–103　西首尔溪水公园 2

图 3–104　海云台 i'PARK 休闲景观廊架 1

图 3–105　海云台 i'PARK 休闲景观廊架 2

（四）韩国现代景观设计

韩国的建筑与景观空间自然巧妙地衔接，令人印象深刻，这也是韩国与亚洲其他国家景观空间较大的区别之处。同时，韩国景观设计已经逐步脱离与中国古典园林的相似或对日本的模仿，融入了很多欧美现代景观元素，正在形成自己独特的风格（图 3–99 至图 3–105）。

（五）美国现代景观设计

美国景观设计体现自由的天性，充分体现自由的天地。美国先民开拓一片新世界，他们在这片广阔的天地间获得最大的自由与释放。他们受原始的自然神秘、纯真、朴实、活力的影响，景观设计理念充满自由奔放的天性。充分体现对自然的尊重和崇尚（图 3–106 至图 3–112）。

（六）英国现代景观设计

英国现代景观设计抛弃了轴线、对称等几何形状和对称布局，取而代之的是自然的树丛、曲折的湖岸。其造园手法更加自由灵活，总体风格自然疏朗、色彩明快、富有浪漫情趣。建筑是英国现代景观中重要的构成元素和构景要素。水是经常被应用的元素（图 3–113 至图 3–119）。

图 3-106　芝加哥植物园

图 3-107　芝加哥密执根湖

图 3-108　美国麦当劳汉堡大学校园景观

图 3-109　芝加哥市中心绿地景观

图 3-110　芝加哥千禧公园

图 3-111　美国芝加哥城市绿地

图 3-112　美国纽约中央公园

图 3-113　伦敦泰晤士河滨水景观

图 3-114　牛津植物园

图 3-115　剑桥植物园

图 3-116　英国伊甸园

图 3-117　谢菲尔德火车站广场喷泉

图 3-118　英国格林公园加拿大纪念碑

图 3-119　英国乡村景观

三、学生优秀作品欣赏

IFLA 国际学生景观设计竞赛(IFLA International Student Design Competition)由国际景观设计师联盟(IFLA)主办，每年举办一次，在 IFLA 世界大会（IFLA World Congress）期间公布获奖作品，是全球最高水平的国际景观设计学专业学生设计竞赛（图 3-120、图 3-121）。

（一）国际景观设计大赛学生优秀作品

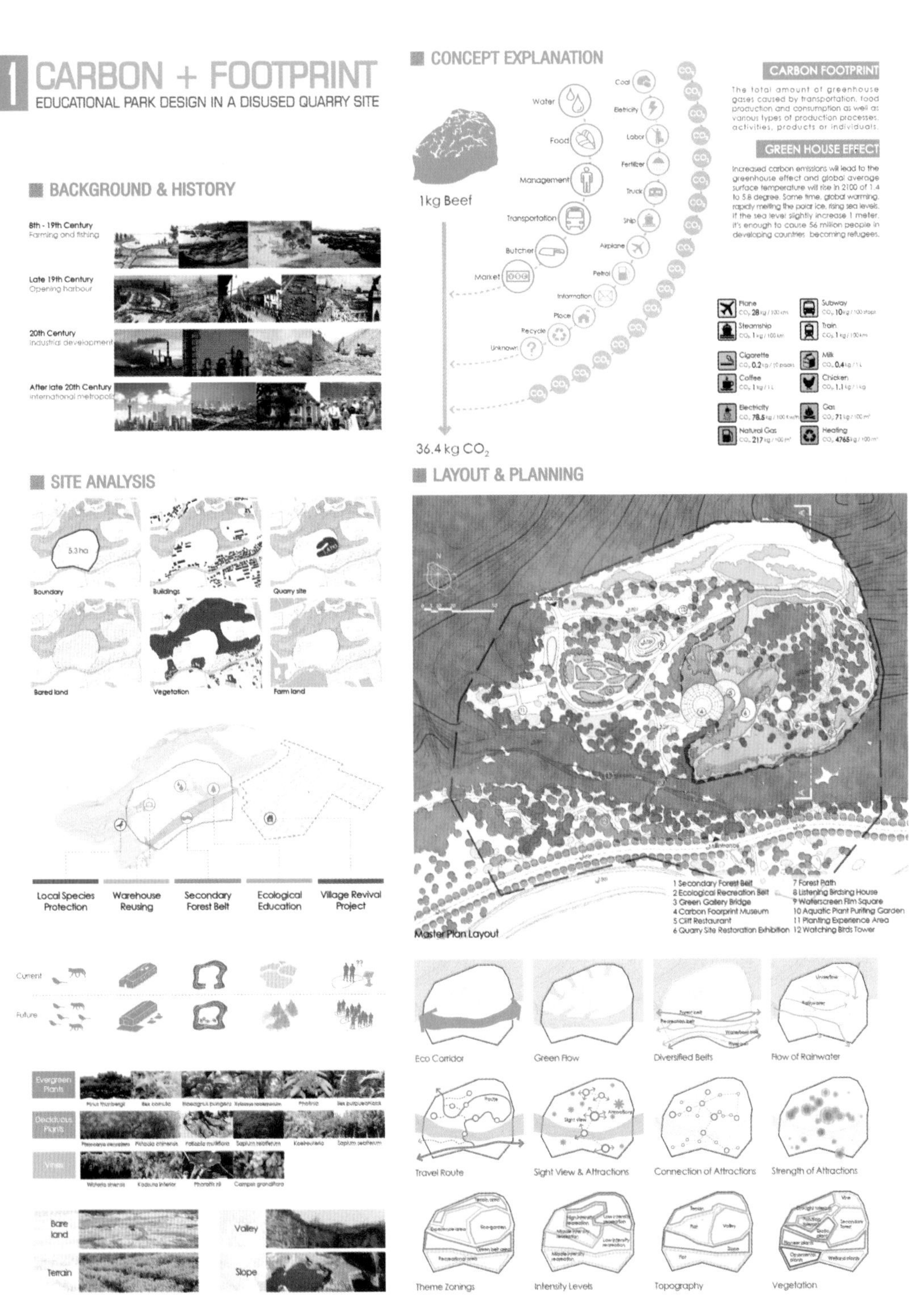

图 3-120　国际景观设计大赛学生优秀作品 1

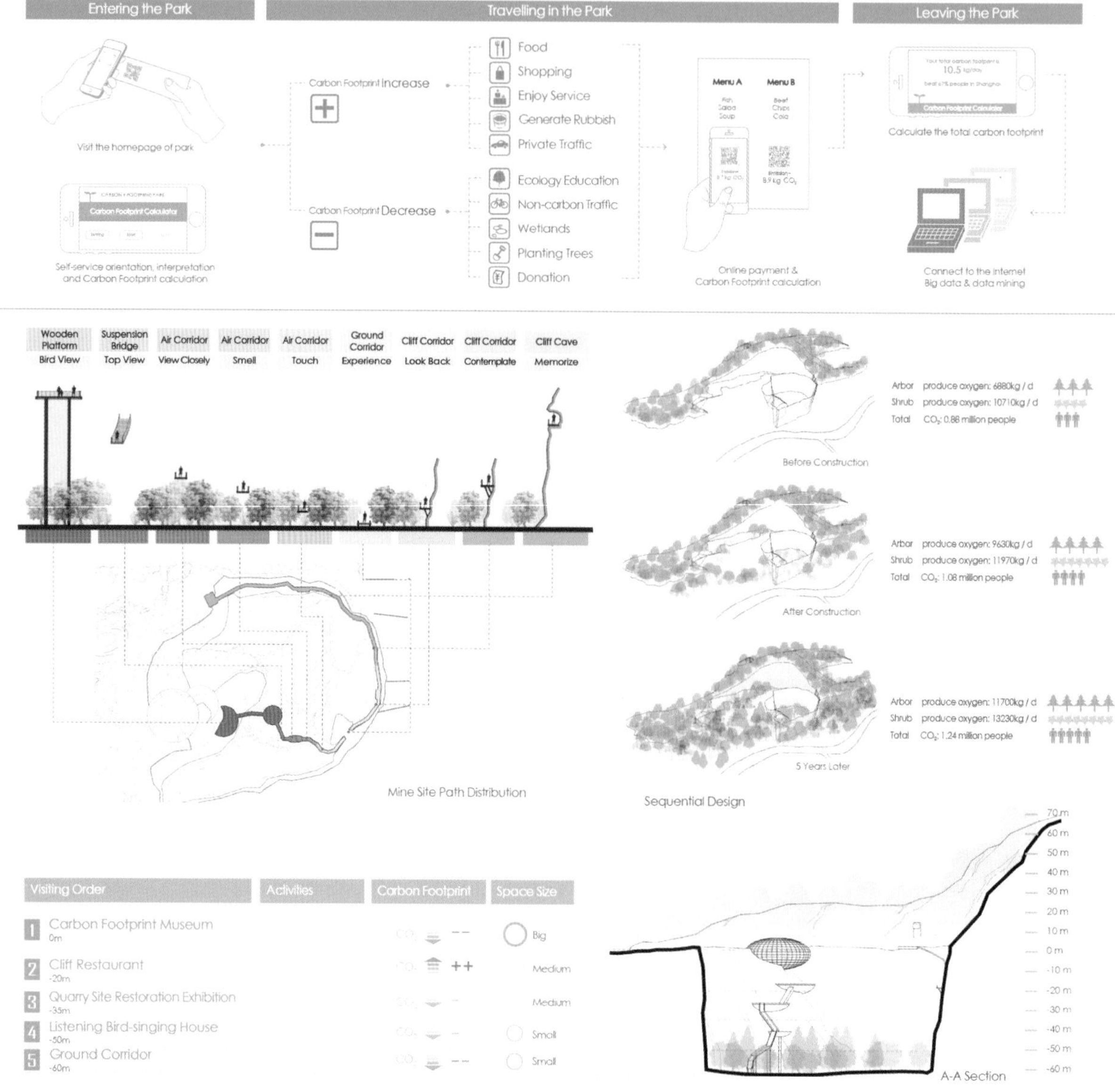

图 3-121　国际景观设计大赛学生优秀作品 2

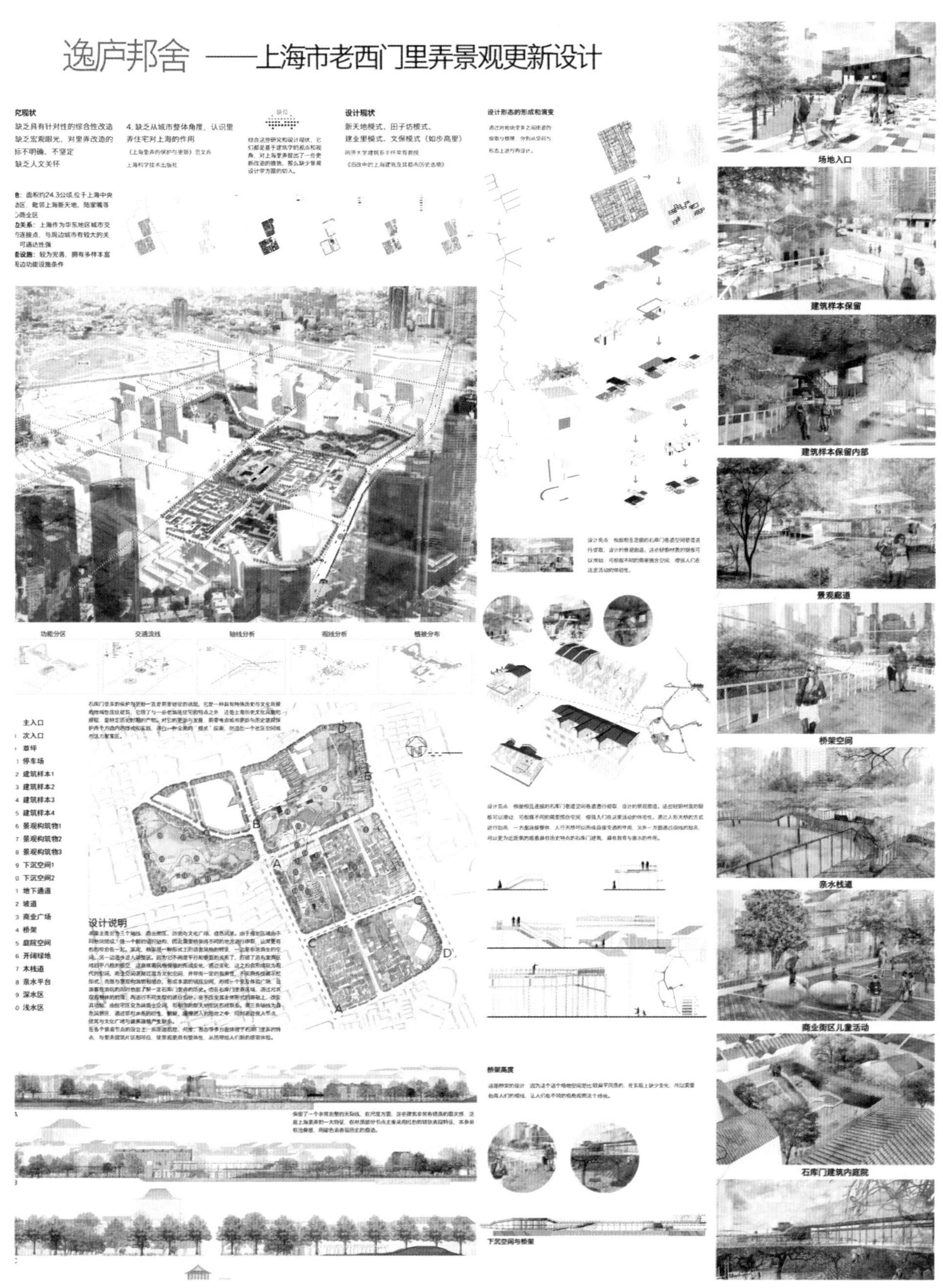

图3-122 国内景观设计大赛学生优秀作品1

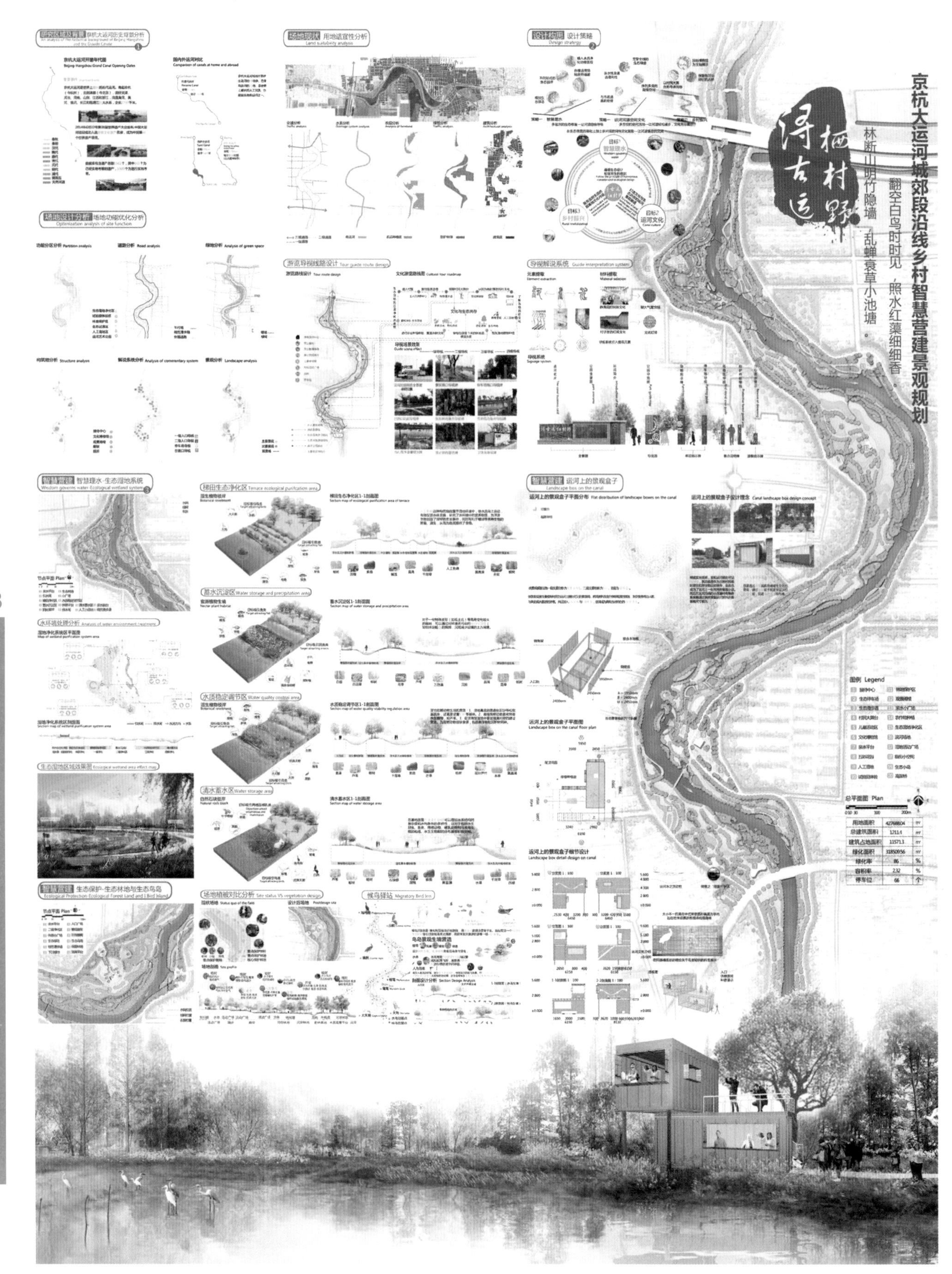

图 3-123 国内景观设计大赛学生优秀作品 2

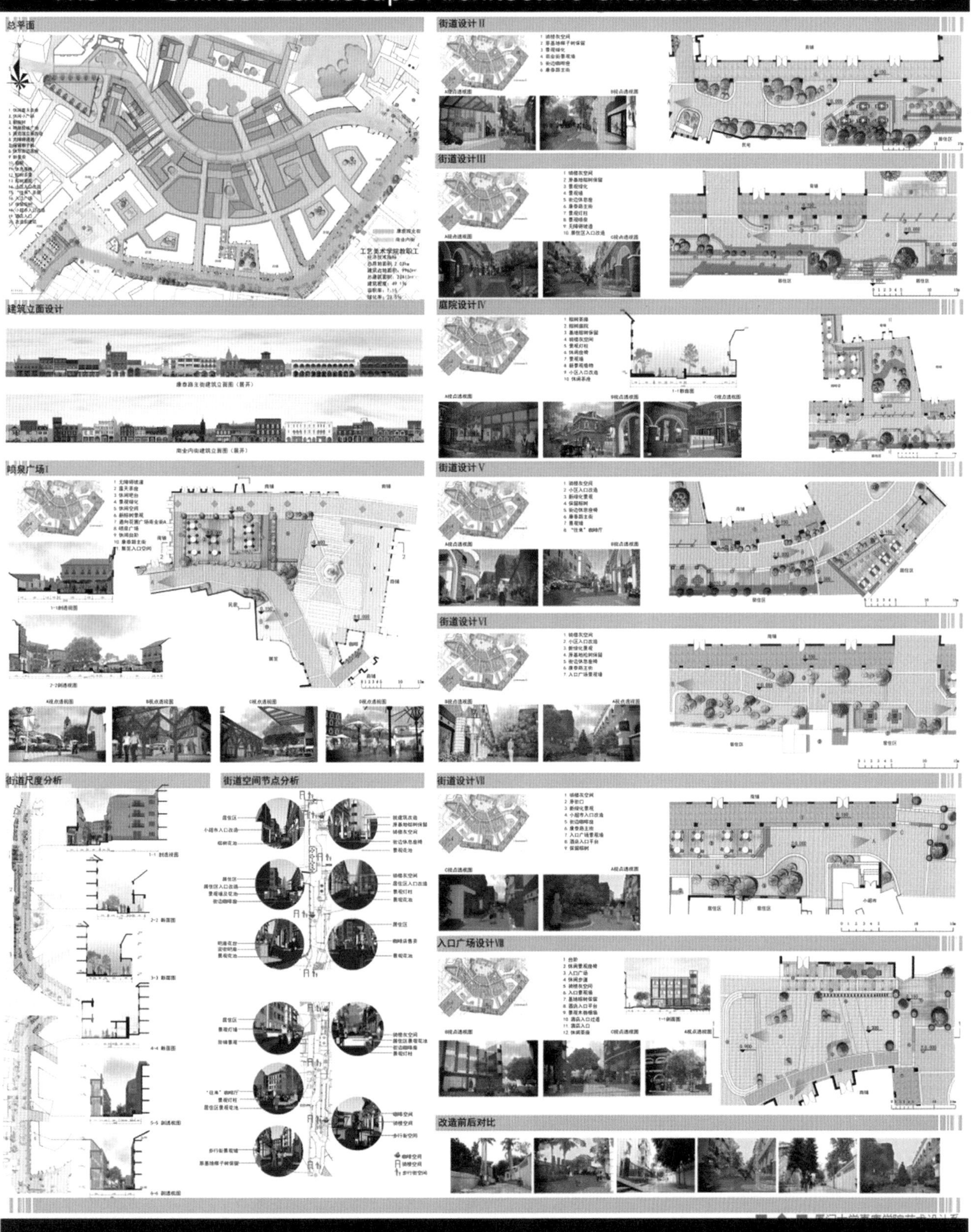

图 3-124　国内景观设计大赛学生优秀作品 3

2018 LA先锋奖——第十四届全国高校景观设计学生作品展

2018 LA Frontiers Award —— The 14th Chinese Landscape Architecture Student Works Exhibition

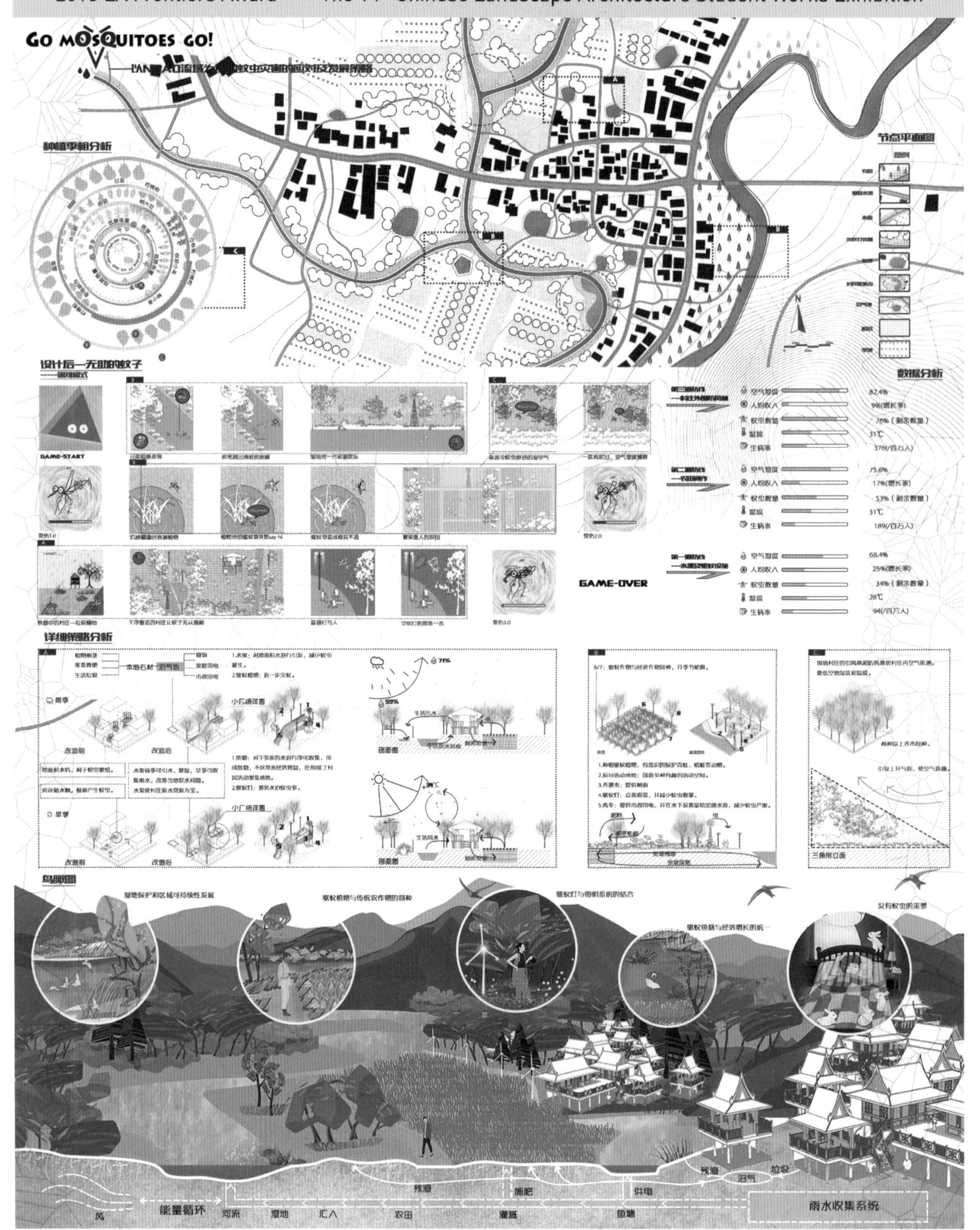

图 3-125 国内景观设计大赛学生优秀作品 4

附录 I　历届IFLA 设计大赛我国获奖作品名录

1988 年

刘晓明（北京林业大学风景园林系）提名奖

1990 年

刘晓明（北京林业大学风景园林系）一等奖

1991 年

周曦（北京林业大学风景园林系）一等奖

1995 年

朱育帆（北京林业大学园林学院）

一等奖：生命之旅——十渡风景区规划与设计

1996 年

林箐（北京林业大学园林学院）

三等奖：自然和历史之路——杭州大运河地区改造规划

1999 年

萧晶、王文奎（北京林业大学园林学院）

提名奖：城廓的回忆

2002 年

韩炳越、李正平、张璐、刘彦琢

（北京林业大学园林学院）

一等奖：寻找远去的西湖

2003 年（第 40 届）

李莉、李家志（清华大学建筑学院）

一等奖：逝去的 20 年

吴祥艳、吴文（清华大学建筑学院）

二等奖：“记忆的边缘：圆明园遗址保护”

邓武功、胡敏、薛晓飞、周虹（北京林业大学园林学院 、中国城市规划设计研究院）

提名奖：神秘摩梭人的可持续发展文化

2004 年

张东、唐子颖（留学生，美国马萨诸塞州大学景观设计与区域规划系）

一等奖：赞美生态功能和文化感知的和谐——2008 北京奥运森林公园设计中中国传统造园技术和生态水体管理的结合

2005 年

余伟增、高若菲、耿欣、魏菲宇、高欣（北京林业大学园林学院）

一等奖：安全的盒子——北京传统社区儿童发展安全模式

郭凌云、张蕾、宋歌（北京大学环境学院、北京大学景观设计学研究院、北京大学深圳研究生院）

二等奖：栖木——本地居民与流动人口共享的安全社区

2006 年

陈筝、薄力之、刘文（同济大学建筑与城市规划学院景观学系）

三等奖："过程：中国内湖湿地的洪水、农业与环境的动态管理规划"

2007 年（第 44 届）

郭湧和张杨（清华大学建筑学院景观学系）

优秀奖："见证一座垃圾山重归乐园的七张面孔——寻找自然、城市和人共生的伊甸"

2008 年

李晶竹、赵越、袁守愚、凌春阳、陈靖

（天津大学建筑学院）

三等奖：波浪垫"Waving Mat"

苏怡、鲍沁星、李昱午、张云路（北京林业大学）

提名奖：水的庇护所——身为水处理器的社区

赵乃莉、周建酉、孙鹏（北京林业大学）

提名奖：蝴蝶效应——"孕育 · 觉醒 · 振翅"

2009 年

张云路、苏怡、刘家琳、鲍沁星、张晓辰（北京林业大学）

一等奖：绿色的避风港——作为绿色基础设施的防风避风廊道

王川、崔庆伟、许晓青、庄永文（清华大学）

二等奖："化冢为家——阻止沙漠蔓延的绿色基础设施"

沈洁、胡婧、王思元、李洋、任蓉（北京林业大学）

三等奖："S+C——羌峰寨生态性恢复规划"

2010 年

白桦琳、杨忆妍、郝君、王乐君、王南希

（北京林业大学园林学院）

一等奖：黄河边即将消失的活遗址——碛口古镇的保护与和谐再生

2011 年（IFLA 亚太地区大学生设计竞赛）

李欣韵、刘畅、严岩（北京林业大学园林学院）

一等奖：皈依大地的美好生活——古老窑洞村庄的更新与改造

赵晶、刘通、郁聪、张洋、张晋（北京林业大学园林学院）

二等奖：中国新疆老风口生态建设策略

张雪辉、郝君、黄灿、王乐君、王南希（北京林业大学园林学院）

三等奖：未来的村庄——在零能源消耗理念下的村庄更新

2012 年（第 49 届）

李慧、吴丹子、冯璐、鲍艾艾和孙帅（北京林业大学）

一等奖：漂浮的城市，漂浮的模块

沈忱、蒋梦雅、李梦迪、李紫（重庆大学建筑城规学院风景园林系）

二等奖：浮生——孟加拉 chomra 漂浮农田系统的构建

封赫婧、陈恺丽、张姝、杨文祺、胡磊（华中科技大学）

三等奖：地狱上的天堂——为城中村儿童建造的竹桥和塔

2013 年

林辰松、贾瀛、刘济娇、肖遥、张海天（北京林业大学）

一等奖：蓝色祈愿——以水系统恢复为中心的古尔巴哈战后规划模式

2014 年

李启、孙慧姝、郑爽、李晨（中国西安建筑科技大学艺术学院）

一等奖：祁·迹——玉华煤矿生态景观修复策略

陆冯璐（北京林业大学）、孙依梦（美国哥伦比亚大学）、陈曦明（美国哥伦比亚大学）、邓婧（美国哥伦比亚大学）

三等奖：COMMUNITY

2015 年

吴然、胡楠、刘玮、李婉仪、魏翔燕（北京林业大学）

二等奖：Growing Dam

黄斌全（同济大学）

三等奖：矿坑碳足迹体验园规划设计

2016 年

何伟、谭立、金兰兰、张梦晗、崔嘉慧（北京林业大学）

二等奖：Grace of Flood

王茜、张琦雅、严亚瓴、吕林忆、陈晨（北京林业大学）

三等奖：Back to Lake Poopo

2017 年

何亮、史漠烟（北京林业大学，哥本哈根大学）

二等奖：The Gold Hope

何伟、张希、逵羽欣、许少聪、邢露露（北京林业大学）

三等奖：Home For Mithi

2018 年

李爽、周超、王宏达、王亚迪、赵可极（北京林业大学）

一等奖："冰"与"火"之歌——干旱及半干旱地区的暴雨解决策略

谭立、张梦晗、蒋鑫、李鑫、孙雪榕（北京林业大学）

二等奖：与河迹共生

葛韵宇、李婉仪、邵明、叶可陌、王宇泓（北京林业大学、美国弗吉尼亚大学）

三等奖：蓝色屏障

附录Ⅱ　景观设计主要相关标准、规范目录

CJJ/T 91—2002 园林基本术语标准
GB/T 19534—2004 园林机械 分类词汇
GBJ 137—1990 城市用地分类与规划建设用地标准
CJJ/T 85—2002 城市绿地分类标准
CJJ 67—1995 风景园林图例图示标准
GB/T 10001.1—2006 标志用公共信息图形符号 第1部分：通用符号
GB/T 10001.2—2006 标志用公共信息图形符号 第2部分：旅游休闲符号
CJJ 83—1999 城市用地竖向规划规范
GB 50298—1999 风景名胜区规划规范
GB 50420—2007 城市绿地设计规范
CJJ 48—1992 公园设计规范
CJJ/T 82—1999 城市绿化工程施工及验收规范
CJJ 75—1997 城市道路绿化规划与设计规范
GB/T 50363—2006 节水灌溉工程技术规范
GB/T 50085—2007 喷灌工程技术规范
GB 50337—2003 城市环境卫生设施规划规范
CJ/T 24—1999 城市绿化和园林绿地用植物材料木本苗
CJ/T 135—2001 城市绿化和园林绿地用植物材料球根花卉种球
GB 8408—2008 游乐设施安全规范
GB 7000.3—1996 庭院用的可移式灯具安全要求
50180—1993 城市居住区规划设计规范
GJJ 75—1997 城市道路绿化规划与设计规范
GBT 51224—2017 乡村道路工程技术规范
GBT 32000—2015 美丽乡村建设指南
GB/T 26358—2010 旅游度假区等级划分
NYT 2366—2013 休闲农庄建设规范

附录Ⅲ　专业网站链接

1. 国际风景园林师联合会
2. 全国建设信息网
3. 景观中国
4. 中国园林
5. 风景园林
6. 中国风景园林学会
7. 园林在线
8. 中国城市规划学会
9. 中国建筑学会
10. 中国国家地理网
11. 中国地学期刊门户网

12. 谷德设计网
13. 筑龙园林景观网
14. 景观前线网
15. 库言库
16. 美国景观设计师协会官网
17. 荷兰景观设计事务所
18. 张唐景观事务所
19. 山水比德
20. 景观中国网
21. 风景园林新青年
22. 泛亚国际
23. 北林苑
24. 贝尔高林
25. 图格网
26. MCM际
27. 巨汐设计网
28. 笛东设计
29. 安道国际
30. SASAKI景观设计公司
31. 日本风景园林门户网站
32. 奥雅设计
33. 中国美丽乡村规划网
34. 中国传统村落网
35. 中国古村落网
36. 每日建筑网
37. 北京林业大学园林学院
38. 北京大学建筑与景观设计学院
39. 清华大学建筑学院
40. 同济大学建筑与城市规划学院
41. 中央美术学院建筑学院
42. 北京东方创美旅游景观规划设计院

附录Ⅳ　国际国内主要园林景观设计大赛名录

国际级：

国际景观设计师联合会（IFLA）大学生设计竞赛

（每年 8 月）国际风景园林师联

美国景观设计师协会（ASLA）景观设计竞赛（每年 6 月）

美国景观设计师协会

景观规划设计大赛（每年4月）国际园林景观规划设计行业协会

“园冶杯”风景园林国际设计大赛（每年 5 月）“园冶杯”风景园林国际竞赛组委会

中日韩大学生风景园林设计大赛（每年8-10月）中国风景园林学会、日本造园学会、韩国造景学会

艾景奖 · 国际园林景观规划设计大赛

国际园林景观规划设计行业协会（ILIA）

美丽奖 · 世界园林景观规划设计大赛（当年9月至次年10月）

中国建筑节能协会、世界屋顶绿化协会、中国城市科学研究会绿色建筑与节能专业委员会

国家级：

学会主办：

中国风景园林学会大学生设计竞赛（每年 9 月）

中国风景园林学会

中国环境艺术设计大赛（每年 9 月）　中国建筑学会

高校主办：

全国高校景观设计毕业作品展（每年 3~7 月）

景观中国、《景观设计学》杂志

城市与景观“U+L 新思维”全国大学生概念设计大赛（每年 10 月）

华中科技大学建筑与城市规划学院

基金会、杂志社主办：

全国青年“人类发展与和平”景观设计大赛（每年 11 月）中国国际科学和平促进会瑞典人类发展与和平基金会

中国国际设计艺术博览会首届景观设计作品大赛（每年4 月）中国国际艺术设计博览会组委会；《中外景观》杂志社

“奥斯本”杯国际景观设计大赛（每年 6 月）奥斯本环境艺术设计有限公司《景观设计》杂志社

设计公司主办：

奥雅设计之星大学生竞赛（每年9月）

奥雅设计集团

参考文献

[1] 俞孔坚等主编. 景观设计：专业学科与教育 [M]. 北京：中国建筑工业出版社，2003.

[2] 俞孔坚著. 理想景观探源：风水的文化意义 [M]. 北京：中国建筑工业出版社，2002.

[3] 俞孔坚著. 景观：文化、生态与感知 [M]. 北京：科学出版社，2005.

[4] 王向荣，林箐著. 西方现代景观设计的理论与实践 [M]. 北京：中国建筑工业出版社，2002.

[5] 唐定山等. 园林设计 [M]. 北京：中国林业出版社，1997.

[6] 尹定邦著. 设计学概论 [M]. 长沙：湖南科学技术出版社，2004.

[7] 李开然编著. 景观设计基础 [M]. 上海：上海人民美术出版社，2006.

[8] 吴家骅著. 叶南译. 景观形态学 [M]. 北京：中国建筑工业出版社，2003.

[9] 杨至德主编. 风景园林设计原理 [M]. 武汉：华中科技大学出版社，2009.

[10] 丁绍刚主编. 张清海等副主编. 风景园林概论 [M]. 北京：中国建筑工业出版社，2008.

[11] 王晓俊编著. 风景园林设计 [M]. 南京：江苏科学技术出版社，2004.

[12] 中国建筑装饰协会编. 景观设计师培训考试教材 [M]. 北京：中国建筑工业出版社，2006.

[13] 刘滨谊著. 现代景观规划设计 [M]. 南京：东南大学出版社，2005.

[14] 刘滨谊等著. 历史文化景观与旅游策划规划设计 [M]. 北京：中国建筑工业出版社，2003.

[15] 刘滨谊等著. 城市滨水区景观规划设计 [M]. 南京：东南大学出版社，2006.

[16] 白德懋编著. 居民区规划与环境设计 [M]. 北京：中国建筑工业出版社，1996.

[17] 林玉莲，胡正凡编著. 环境心理学（第二版）[M]. 北京：中国建筑工业出版社，2006.

[18] 徐磊昌编著. 人体工程学与环境行为学 [M]. 北京：中国建筑工业出版社，2006.

[19] 芦建国主编. 种植设计 [M]. 北京：中国建筑工业出版社，2012.

[20] 张正春等著. 中国生态学 [M]. 兰州：兰州大学出版社，2003.

[21] 徐化成主编. 景观生态学 [M]. 北京：中国林业出版社，1997.

[22] 周曦等编著. 生态设计新论—对生态设计的反思再认识 [M]. 南京：东南大学出版社，2003.

[23] 潘谷西主编．中国建筑史 [M]．北京：中国建筑工业出版社，2005.

[24] 王其亨等著．风水理论研究（第 2 版）[M]．天津：天津大学出版社，2005.

[25] 荀平，杨平林著．景观设计创意 [M]．北京：中国建筑工业出版社，2004.

[26]（美）约翰 · 奥姆斯比 · 西蒙兹著．方薇，王欣编译．启迪——风景园林大师西蒙兹考察笔记 [M]．北京：中国建筑工业出版社，2012.

[27]（美）道格拉斯 · 凯尔博著．吕斌等译．共享空间 [M]．北京：中国建筑工业出版社，2007.

[28]（美）JohnOrmsbeeSimonds 著．俞孔坚等译．景观设计学—场地规划与设计手册 [M]．北京：中国建筑工业出版社，2000.

[29]（美）尼古拉斯 · T · 丹尼斯等著．刘玉杰等译．景观设计师便携手册 [M]．北京：中国建筑工业出版社，2003.

[30]（美）克莱尔 · 库珀 · 马库斯等著．俞孔坚等译．人性场所：城市开放空间设计导则（第二版）[M]．北京：中国建筑工业出版社，2001.

[31]（美）PETEMELBY、TOMCATHCART 编著．张颖、李勇译．可持续景观设计技术 [M]．北京：机械工业出版社，2005.

[32]（美）威廉 · M．马什著．朱强等译．景观规划的环境学途径 [M]．北京：中国建筑工业出版社，2006.

[33]（英）布莱恩 · 劳森著．空间的语言 [M]．北京：中国建筑工业出版社，2006.

[34]（英）汤姆 · 特纳著．王珏译．景观规划与环境影响设计 [M]．北京：中国建筑工业出版社，2006.

[35]（英）伊恩 · 伦诺克斯 · 麦克哈格著．设计结合自然 [M]．天津：天津大学出版社，2006.

[36]（丹麦）扬 · 盖尔著．何人可译．交往与空间 [M]．北京：中国建筑工业出版社，2002.

[37]（日）高桥鹰志 +EBS 组编著．陶新中译．环境行为与空间设计 [M]．北京：中国建筑工业出版社，2006.

[38] 邓涛编著．旅游区景观设计原理 [M]．北京：中国建筑工业出版社，2007.

[39] 林峰著．乡村振兴战略规划与实施 [M]．北京：中国农业出版社，2018.

[40] 蒋林树，付军著．乡村景观规划设计 [M]．北京：中国农业出版社，2008.

[41]（英）汤姆 · 特纳著．李旻译．园林史：公元前 2000—公元 2000 年的哲学与设计 [M]．北京：电子工业出版社，2016.

[42]（英）帕特里克 · 泰勒著. 周玉鹏、刘玉群译. 法国园林 [M]. 北京：中国建筑工业出版社，2004.

[43]（意）佩内洛佩 · 霍布豪斯著. 于晓楠译. 意大利园林 [M]. 北京：中国建筑工业出版社，2004.

[44]（美）沙利文著. 沈浮，王志姗译. 庭园与气候 [M]. 北京：中国建筑工业出版社，2005.

[45]（英）汤姆 · 特纳著. 林箐、南楠、齐黛蔚、侯晓蕾、孙莉译. 世界园林史 [M]. 北京：中国林业出版社，2011.

[46] 陈新，赵岩编著. 美国风景园林史 [M]. 中国建材工业出版社. 上海：上海科学技术出版社，2012.

[47]（英）汤姆 · 特纳著. 任国亮译. 欧洲园林：历史、哲学与设计 [M]. 北京：电子工业出版社，2015.

[48] 杰里柯著. 刘滨谊译. 图解人类景观—环境塑造史论 [M]. 上海：同济大学出版社，2006.

[49]（美）伊丽莎白 · 巴洛 · 罗杰斯著. 韩炳越、曹娟等译. 世界景观设计（Ⅰ）—文化与建筑的历史 [M]. 北京：中国林业出版社，2005.

[50]（美）伊丽莎白 · 巴洛 · 罗杰斯著. 韩炳越、曹娟等译. 世界景观设计（Ⅱ）—文化与建筑的历史 [M]. 北京：中国林业出版社，2005.

[51] 刘明霞. 成都宽窄巷子历史街区外部空间规划建成后评析 [D]. 北京：清华大学，2012.

[52] 张东、杜强. 时光雕刻苏州中航樾园内庭院设计 [J]. 风景园林，2016（12）：64-73.

[53] 王向荣、林箐. 杭州江洋畈生态公园工程月历 [J]. 风景园林，2011（1）：18-31

[54] EDSAOrient. 永恒的绿洲——南昆山十字水生态度假村规划设计 [J]. 风景园林，2006（5）：92-96.

[55] 马科元、郭少珣. 一次无意识的回归——“深深 · 深宅”设计回顾. [J]. 建筑学报，2017（4）：61-63.

[56] 熊旅鑫. 庄园景观设计研究. [D]. 杭州：浙江农业大学，2012.

[57] 王琳燕. 从常家庄园看清代晋商建筑的空间特色. [D]. 太原：山西大学，2007.

[58] 邓乐韵．旅游度假酒店景观设计研究——以辽宁本溪汤沟温泉度假酒店景观设计为例．[D]．南京：南京农业大学，2013.
[59] 李振鹏．乡村景观的分类方法研究．[D]．北京：中国农业大学，2004.
[60] 张晋石．乡村景观在风景园林规划与设计中的意义．[D]．北京：北京林业大学，2004.

后记

POSTSCRIPT

2013 年，在林家阳教授担任总主编的带领下，编写了《景观设计》教材，截至 2018 年，在 5 年的时间内进行了 4 次印刷，给了我很大鼓励。结合当下景观设计的新要求与新内涵，在原版《景观设计》教材基础上，又增加了新的内容，通过中国轻工业联合会审核，2018 年 12 月 10 日《中国轻工业联合会文件》（中轻联教育〔2018〕364 号）批准《景观设计》为“第二批中国轻工业‘十三五’规划教材”。

本教材以“力求系统性、艺术性、实用性相结合”为目标，在参考国内外同类教材的基础上，力求做到图文并茂，书中 80% 以上照片都是作者近几年国内外考察时拍摄的，书中手绘的作品也是作者刘慧超亲自手绘制作，力求做到内容翔实，便于学生更好地了解掌握教材内容。在教材编写过程中，根据当下景观设计的新要求与新内涵，增加了景观设计形式和空间类型部分的内容以及景观评价标准等，同时增补了城市中心场景设计、庄园（旅游度假酒店）设计、乡村（特色小镇）景观设计等内容。几次校稿，多次修改，力求使教材能做到理论与实践相结合，突出教材的实践应用性。教材中有的图片是从“百度图片”中下载的，若有使用不当，在此向有关作者表示歉意。

本教材在编写时，从内容框架和样稿的确定、内容修改等，整个过程都得到了总主编林家阳教授的悉心指导，正是林家阳教授的严谨治学态度才保证了本教材得以顺利完成。教材在资料收集、整理、编写、统稿过程中，大连工大艺术设计研究院有限公司的索威、王彬、陶贵俏、杨敏、罗燕、姜震、杨庆云、曹翰等分担了编写过程中的大量工作。其中索威负责了材料收集、整理、排版等工作，曹翰负责后期的文字校对等工作，在此深表谢意！每个实训项目的案例和作业部分都有大连工大艺术设计研究院有限公司的设计作品，丰富了设计案例及实训的内容。

最后，希望这本教材能给更多的学生和设计师带来方便，也更加期待使用本书的学子、从事园林景观设计的前辈、专家以及同行提出宝贵意见。

曹福存